智能制造与工业互联网丛书

U0185882

智能制造

AI落地制造业之道

蒋明炜◎编著

INTELLIGENT
MANUFACTURING

Method of AI Application on Manufacture Industry

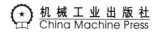

机械工业出版社
China Machine Press

图书在版编目（CIP）数据

智能制造：AI 落地制造业之道 / 蒋明炜编著 .-- 北京：机械工业出版社，2022.1
（智能制造与工业互联网丛书）
ISBN 978-7-111-69931-6

I. ①智⋯ II. ①蒋⋯ III. ①智能制造系统 - 制造工业 - 研究 - 中国 IV. ① TH166

中国版本图书馆 CIP 数据核字（2022）第 007310 号

智能制造：AI 落地制造业之道

出版发行：机械工业出版社（北京市西城区百万庄大街 22 号 邮政编码：100037）

责任编辑：王 颖 李美莹 责任校对：殷 虹

印 刷：保定市中画美凯印刷有限公司 版 次：2022 年 3 月第 1 版第 1 次印刷

开 本：170mm×230mm 1/16 印 张：13.5

书 号：ISBN 978-7-111-69931-6 定 价：69.00 元

客服电话：（010）88361066 88379833 68326294 投稿热线：（010）88379604

读者信箱：hzjsj@hzbook.com

随着计算能力的迅速提高、核心算法的突破，以及海量互联网数据的支撑，人工智能（AI）在 21 世纪第二个十年迎来了新的发展高潮。人工智能技术已经渗透到社会生产和人们生活的各个方面。制造业无疑是人工智能技术亟待开发的金矿，制造也亟须融入人工智能技术走向智能制造。但由于制造业门类众多、配套复杂，生产工艺千差万别，智能制造对人工智能而言是极大的挑战。制造是人类重要的经济活动，制造业是人类赖以生存的基石。制造是包括需求预测、研究试验、工艺流程、生产加工、物流仓储、市场营销、增值服务等重要环节的与用户交互的过程。人工智能落地制造业，成为当今十分艰巨而紧迫的任务。

蒋明炜教授，作为机械行业的资深专家，以其几十年从事机械制造信息化的经历和经验，紧随日新月异的技术变革的视野和思考，针对我国在实施智能制造中人工智能技术应用非常薄弱的问题，编写了本书。作者从国内外人工智能的发展和各国对人工智能的战略部署入手，构建了基于人工智能技术的智能工厂技术架构，论述了企业数字化是实现智能制造的基础，强调了人工智能技术是实现智能制造的工具，提出了应用场景是人工智能在制造中的落地。本书将对读者厘清智能制造推进思路、明确人工智能应用重点、构建智能工厂技术架构有所裨益。

朱森第

中国机械工业联合会专家委员会名誉主任

国家制造强国建设战略咨询委员会委员

工信部智能制造专家咨询委员会主任

　　随着物联网、大数据、云计算等新一代信息技术的发展，人工智能技术呈现爆发式增长，成为国际竞争的战略制高点，深刻影响着人类社会的政治、经济、文化、法律等。同时人工智能技术也将深刻改变制造业的核心竞争力，成为新一轮产业变革的核心驱动力，并将催生出新的研发模式、新产品、新业态、新的生产方式、新的服务模式。人工智能技术与智能制造的深度融合必将成为制造业转型升级并向高质量发展的新引擎，因此受到各国政府的高度重视，各国也出台了一系列国家战略和规划。

部分世界科技强国对人工智能的战略部署

　　美国：2016 年 10 月，美国政府发布《为人工智能的未来做好准备》以及《国家人工智能研究和发展战略计划》两份重要报告。前者探讨了人工智能的发展现状、应用领域以及潜在的公共政策问题；后者提出了美国优先发展人工智能的七大战略及两方面的建议。2018 年 5 月，白宫举办人工智能峰会，邀请众多业界、学术界和政府代表参与，并组建人工智能特别委员会，以加大联邦政府在人工智能领域的投入，努力消除创新与监管障碍，提高人工智能创新的自由度与灵活性。2019 年，美国政府公布了《国家人工智能研究和发展战略计划：2019 更新版》，将此前的战略扩展至 8 个，增加了扩大公私合作伙伴关系，加速人工智能发展这一新战略。

日本：日本政府和企业界非常重视人工智能的发展，不仅将物联网、人工智能和机器人作为第四次工业革命的核心，还在国家层面建立了相对完整的研发促进机制，并将 2017 年确定为人工智能元年。虽然相对中美而言，日本在人工智能和机器人行业的资金投入并不算高，但其在战略方面的反应并不迟钝。2015 年 1 月，日本政府发布了《机器人新战略》，拟通过实施"五年行动计划"实现三大核心目标，即"世界机器人创新基地""世界第一的机器人应用国家""迈向世界领先的机器人新时代"，使日本完成机器人革命，以应对日益突出的社会问题，提升日本制造业的国际竞争力。2017 年 3 月，日本人工智能技术战略委员会发布《人工智能技术战略》报告，阐述了日本政府为人工智能产业化发展所制定的路线图和规划。

印度：2018 年上半年，印度政府智库发布《国家人工智能战略》，旨在实现"AI for All"的目标。该战略将人工智能应用重点部署在健康护理、农业、教育、智慧城市和基础建设与智能交通五大领域上，以"AI 卓越研究中心"与"国际 AI 转型中心"两级综合战略为基础，加强科学研究，鼓励技能培训，加快人工智能在整个产业链中的应用，最终实现将印度打造为人工智能发展模本的宏伟蓝图。

欧盟：2018 年 4 月，欧盟委员会发布政策文件《欧盟人工智能》，该报告提出欧盟将采取三管齐下的方式推动欧洲人工智能的发展：增加财政支持并鼓励公共和私营企业应用人工智能技术；促进教育和培训体系升级，以适应人工智能为就业带来的变化；研究和制定人工智能道德准则，确立适当的道德与法律框架。2018 年 12 月，欧盟委员会及其成员国发布主题为"人工智能欧洲造"的《人工智能协调计划》。这项计划除了明确人工智能的核心倡议外，还包括具体的项目，涉及高效电子系统和电子元器件的开发，以及人工智能应用的专用芯片、量子技术和人脑映射领域。

德国：德国是最先推出"工业 4.0"战略的国家，这是一个革命性的、基础性的科技战略，拟从最基础的制造层面上进行变革，从而实现工业发展质的飞跃。"工业 4.0"囊括了智能制造、人工智能、机器人等领域的诸多相关研究与应用。2018 年 7 月，德国联邦政府发布《联邦政府人工智能战略要点》文件，要求联邦政府加大对人工智能相关重点领域的研发和创新转化的资助，加强同法国人工智能的合作建设，实现互联互通；加强人工智能基础设施建设，将对人工智能的研发和应用提升到全球领先水平。

法国：2018 年 3 月，法国发布了《法国人工智能发展战略》，将着重结合医疗、汽车、能源、金融、航天等优势行业来研发人工智能技术，并宣布到 2020 年投资 15 亿欧元用于人工智能研究，为法国人工智能技术研发创造更好的综合环境。法国的人工智能发展战略注重抢占核心技术、标准化等制高点，重点发展大数据、超级计算机等技术。在人工智能的应用上，关注健康、交通、生态经济、性别平等、电子政府以及医疗护理等领域。

英国：英国是欧洲推动人工智能发展最积极的国家之一，也一直是人工智能的研究学术重阵。2018 年 4 月，英国政府发布了《人工智能行业新政》报告，涉及推动政府和公司研发、加大 STEM 教育投资、提升数字基础设施、增加人工智能人才和领导全球数字道德交流等方面的内容，旨在推动英国成为全球人工智能领导者。

英国作为老牌的工业大国，在人工智能的问题上，布局颇为深远。英国将大量资金投入人工智能、智能能源技术、机器人技术以及 5G 网络等领域，更加注重实践与实用，已在海洋工程、航天航空、农业、医疗等领域开展了人工智能技术的广泛应用。同时，英国发展人工智能的另一个特点是注重人工智能人才的培养。

中国：中国高度重视人工智能发展，在各国紧锣密鼓地制定人工智能发展战略的时刻，中国也在加强顶层设计和人才培养。2015 年 5 月，国务院印发《中国制造 2025》，明确了 9 项战略任务与重点，提出 8 个方面的战略支撑与保障，目标是促进中国从制造大国向制造强国转变。

2016 年 8 月，国务院发布《"十三五"国家科技创新规划》，明确将人工智能作为发展新一代信息技术的主要方向。2017 年 7 月，国务院印发《新一代人工智能发展规划》，该规划包含了研发、工业化、人才发展、教育和职业培训、标准制定和法规、道德规范与安全等方面，并确立了"三步走"战略目标。

第一步，到 2020 年人工智能总体技术和应用与世界先进水平同步，人工智能产业成为新的重要经济增长点，人工智能技术应用成为改善民生的新途径，有力支撑进入创新型国家行列和实现全面建成小康社会的奋斗目标。1）新一代人工智能理论和技术取得重要进展。大数据智能、跨媒体智能、群体智能、混合增强智能、自主智能系统等基础理论和核心技术实现重要进展，人工智能模型方法、核心器件、高端设备和基础软件等方面取得标志性成果。2）人工智能产业竞争力进入国际第一方阵。初步建成人工智能技术标准、服务体系和产业生态链，培育若干全球领先的人工智能骨干企业，人工智能核心产业规模超过 1500 亿元，带动相关产业规模超过 1 万亿元。3）人工智能发展环境进一步优化，在重点领域全面展开创新应用，聚集起一批高水平的人才队伍和创新团队，部分领域的人工智能伦理规范和政策法规初步建立。

第二步，到 2025 年人工智能基础理论实现重大突破，部分技术与应用达到世界领先水平，人工智能成为带动我国产业升级和经济转型的主要动力，智能社会建设取得积极进展。1）新一代人工智能理论与技术体系初步建立，具有自主学习能力的人工智能取得突破，在多领域取得引领性研究成果。2）人工智能产业进入全球价值链高端。新一代人工智能在智能制造、智能医疗、智慧城市、智能农业、国防建设等领域得到广泛应用，人工智能核心产业规模超过 4000 亿元，带动相关产业规模超过 5 万亿元。3）初步建立人工智能法律法规、伦理规范和政策体系，形成人工智能安全评估和管控能力。

第三步，到 2030 年人工智能理论、技术与应用总体达到世界领先水平，成为世界主要人工智能创新中心，智能经济、智能社会取得明显成效，为跻身创新型国家前列和经济强国奠定重要基础。1）形成较为成熟的新一代人工智能理论与技术体系。在类脑智能、自主智能、混合智能和群体智能等领域取得重大突破，在国际人工智能研究领域具有重要影响，占据人工智能科技制高点。2）人工智能产业竞争力达到国际领先水平。人工智能在生产生活、社会治理、国防建设各方面应用的广度和深度极大拓展，形成涵盖核心技术、关键系统、支撑平台和智能应用的完备产业链和高端产业群，人工智能核心产业规模超过 1 万亿元，带动相关产业规模超过 10 万亿元。3）形成一批全球领先的人工智能科技创新和人才培养基地，建成更加完善的人工智能法律法规、伦理规范和政策体系。

为贯彻落实《新一代人工智能发展规划》，工信部于 2017 年 12 月发布了《促进新一代人工智能产业发展三年行动计划（2018—2020 年）》。该计划指出，通过实施四项重点任务，一系列人工智能标志性产品取得重要突破，在若干重点领域形成国际竞争优势，人工智能和实体经济融合进一步深化，产业发展环境进一步优化。

第一，人工智能重点产品规模化发展，智能网联汽车技术水平大幅提升，智能服务机器人实现规模化应用，智能无人机等产品具有较强全球竞争力，医疗影像辅助诊断系统等扩大临床应用，视频图像识别、智能语音、智能翻译等产品达到国际先进水平。

第二，人工智能整体核心基础能力显著增强，智能传感器技术产品实现突破，设计、代工、封测技术达到国际水平，神经网络芯片实现量产并在重点领域实现规模化应用，开源开发平台初步具备支撑产业快速发展的能力。

第三，智能制造深化发展，复杂环境识别、新型人机交互等人工智能技术在关键技术装备中加快集成应用，智能化生产、大规模个性化定制、预测性维护等新模式的应用水平明显提升，重点工业领域智能化水平显著提高。

第四，人工智能产业支撑体系基本建立，具备一定规模的高质量标注数据资源库、标准测试数据集建成并开放，人工智能标准体系、测试评估体系及安全保障体系框架初步建立，智能化网络基础设施体系逐步形成，产业发展环境更加完善。

最近《中共中央关于制定国民经济和社会发展第十四个五年规划和二〇三五年远景目标的建议》中再次明确指出，"发展战略性新兴产业""推动互联网、大数据、人工智能等同各产业深度融合"。这对新时代加快推动人工智能技术发展，深化人工智能与制造业融合应用提出了新要求。

纵观一百多年来世界技术发展史，从来没有一项技术像人工智能技术这样受到各国政府的高度重视。

第一，人工智能技术成为国际竞争的新焦点。人工智能是引领未来的战略性技术，世界主要发达国家把发展人工智能作为提升国家竞争力、维护国家安全的重大战略。

第二，人工智能成为经济发展的新引擎。人工智能作为新一轮产业变革的核心驱动力，将进一步释放历次科技革命和产业变革积蓄的巨大能量，并创造新的强大引擎，重构生产、分配、交换、消费等各经济活动环节，形成从宏观到微观各领域的智能化新需求，催生新技术、新产品、新产业、新业态、新模式，引发经济结构重大变革，深刻改变人类生产生活方式和思维模式，实现社会生产力的整体跃升。

第三，人工智能带来社会建设的新机遇。当前我国所面临的人口老龄化、资源环境约束等挑战依然严峻，人工智能在教育、医疗、养老、环境保护、城市运行、司法服务等领域广泛应用，将极大提高公共服务精准化水平，全面提升人民生活品质。

第四，人工智能发展的不确定性带来新挑战。人工智能是影响面广的颠覆性技术，可能带来改变就业结构、冲击法律与社会伦理、侵犯个人隐私、挑战国际关系准则等问题，将对政府管理、经济安全和社会稳定乃至全球治理造成深远影响。

中国人工智能技术的最新进展

由清华–中国工程院知识智能联合研究中心、清华大学人工智能研究院知识智能研究中心、中国人工智能学会联合发布的《中国人工智能发展报告 2011—2020》⊖（以下简称报告）指出，人工智能已经发展成全国，乃至全球竞争焦点，成为经济发展的新引擎，从新兴 IT 企业到传统经济都开始 AI 化，中国一直站在最前面。报告显示：

第一，中国人工智能专利申请量世界第一。过去十年全球人工智能专利申请量为 521 264。中国专利申请量为 389 571，位居世界第一，占全球总量的 74%，是排名第二的美国专利申请量的 8.2 倍。

第二，中国人工智能高层次人才数量世界第二。全球人工智能领域高层次人才共计 155 408 位，中国人工智能领域高层次人才数量共计 17 368 位，位居第二名。主要集中在京津冀、长三角和珠三角地区。截至目前，中国共有 215 所高校成立"人工智能"本科专业。这些高校之中，有 60 所

⊖ 该报告于 2021 年 4 月在"吴文俊人工智能科学技术奖十周年颁奖盛典暨 2020 中国人工智能产业年会"上发布。

双一流大学（占比 28%），其他 155 所为普通本科院校。截至 2019 年 6 月，至少有 38 所高校设立了独立人工智能学院，全面开展本科阶段、研究生阶段的教育，并且在 2019 年开始以人工智能专业招收本科生。

第三，前十年和后十年人工智能发展重点。报告指出，过去十年十大人工智能研究热点分别为：深度神经网络、特征抽取、图像分类、目标检测、语义分割、表示学习、生成对抗网络、语义网络、协同过滤和机器翻译。报告同时指出人工智能下一个十年重点发展的方向包括：强化学习、神经形态硬件、知识图谱、智能机器人、可解释性 AI、数字伦理、自然语言处理等技术。

第四，中国居于世界前列的技术。报告指出，中国在自然语言处理、芯片技术、机器学习、信息检索与挖掘等 10 多个领域的科研产出水平都紧跟美国之后，居于世界前列。

另外，美国未来今日研究所发表的《2020 科技趋势报告》将阿里、腾讯、百度、Amazon、IBM、Facebook、Google、Microsoft、Apple 列为世界九大人工智能公司。

总之，中国人工智能技术发展处于世界前列。

人工智能与制造业深度融合是必然选择

从世界各国对人工智能的战略部署与规划、人工智能企业的快速增长、资本的大量进入、核心技术的不断突破、已经取得的成就来看，人工智能技术正在快速与制造业深度融合，推动制造业向着数字化、网络化、智能化方向演进。人工智能技术必将成为制造业企业市场竞争的新焦点、企业发展的新引擎，并为企业转型升级带来新的机遇。它将改变制造业的发展模式和竞争格局，成为制造业转型升级、高质量发展的重要推动力。所以，人工智能与制造业的深度融合是制造业企业的必然选择。

然而，在国家大力推动两化融合、智能制造的进程中，我们可以发现大多数企业仍然处于自动化、数字化、网络化的初级阶段，人工智能技术的应用凤毛麟角。因此，本书将从介绍人工智能技术的演进和发展入手，构建基于人工智能技术的智能工厂框架，并从企业数字化平台、智能技术平台、智能制造应用场景三个层次，阐述企业全方位数字化是实现智能工厂的前提，人工智能的通用技术是实现智能工厂的技术手段，在数字化的基础上将人工智能通用技术应用于机电产品、研发设计、经营管理、生产制造、售后服务、经营决策等应用场景。本书为制造业企业的中高层领导、首席信息官、智能制造服务供应商提供参考。

Contents | 目　录

人工智能技术的演进和发展

　　谈论人工智能的演进和发展不能不提英国"计算机之父""人工智能之父"艾伦·图灵（Alan Turing）。在第二次世界大战期间，27 岁的数学家艾伦·图灵应招到布莱切利庄园的英国情报中心，负责破译德军密电码工作。面对号称"不可战胜"的德国密码机恩尼格玛，这部拥有 1.59 万万亿种变化，每 24 小时变换一次密码配置的机器，图灵大胆设想，用另一台机器去破译这台机器。他研发出名为"炸弹"的解密机，每秒可以测试出几百种密码编译，盟军因此能够提前知晓德军的行动计划，为赢得反法西斯战争的胜利作出了巨大贡献，丘吉尔（Churchill）首相曾称赞图灵和他的同事是战争胜利的英雄。1948 年图灵便提前几十年预见了人工智能和人工神经网络的发展，1950 年，他首先编写了少量计算机程序，其中包括第一个象棋程序，他在论文《计算机器与智能》（*Computing Machinery and Intelligence*）中，以一个问题作为开篇：机器能思考吗？这个问题启发了无穷的想象，标志着人工智能的开始。

1956 年夏天，人类历史上第一次人工智能研讨会在美国的达特茅斯学院举行，会议上由约翰·麦卡锡（John McCarthy）、马文·明斯基（Marvin Lee Minsky）、克劳德·艾尔伍德·香农（Claude Elwood Shannon）、赫伯特·亚历山大·西蒙（Herbert Alexander Simon）、艾伦·纽厄尔（Auen Newell）等人第一次正式提出 AI（Artificial Intelligence）的概念。他们满怀激情地宣布："我们将尝试让机器能够使用语言，形成抽象概念，解决人类现存的各种问题。我们的研究基于这样的推测——学习的每一个方面和智能的任何特征，原则上都能被精确地描述，并被机器模仿。"

中科院自动化所谭铁牛院士用图 0.1 讲述了人工智能 60 多年不平凡的发展历程[⊖]。

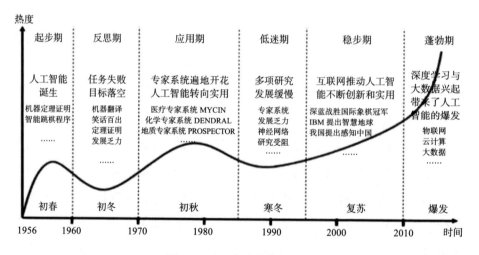

图 0.1 人工智能发展历程

1956 ~ 1960 年为起步期。1956 年，人工智能的概念首次被提出，Samuel 开发出了具有自学习、自组织、自适应能力的西洋跳棋程序。1957

⊖ 谭铁牛院士于 2018 年 7 月 30 日所作《人工智能：天使还是魔鬼》报告。

年，纽厄尔和西蒙等编写了数学定理证明程序，1958 年，麦卡锡开发出了表处理语言 LISP，成为人工智能第一个最广泛流行的语言。1960 年，纽厄尔、约翰·克利福德·肖（John Clifford Shaw）和西蒙合作开发出了通用问题求解系统（GPS）。

1960 ~ 1970 年为反思期。 一些任务失败，目标落空，如神经元数目 10^{10}，结构复杂，无法处理，机器翻译笑话百出，人们对人工智能丧失信心。

1970 ~ 1988 年为应用期。 爱德华·阿尔伯特·费根鲍姆（Edward Albert Feigenbaum）提出了知识工程，1968 年，专家系统 DENDRAL 研制成功，并应用到医疗、化学、地质多个领域，1977 年第五届人工智能联合会议召开。在这一时期，自然语言处理、神经网络、计算智能、机器学习、增强学习都取得了积极进展，人们把这段时期称为第二次浪潮。

1988 ~ 1993 年为低迷期。 受知识获取的瓶颈制约，专家系统发展乏力，神经网络研究受阻，人工智能再次进入寒冬。

1993 ~ 2010 年为稳步期。 互联网推动人工智能稳步发展，1997 年 IBM 的深蓝战胜国际象棋世界冠军，2006 年杰弗里·埃弗里斯特·辛顿（Geoffrey Everest Hinton）提出用预训练的方法解决了局部最优解问题，将神经网络隐含层推进到 7 层，由此揭开了深度学习的热潮。2007 年李飞飞等人创建大型图像数据库 ImageNet，图形识别有了重大进展。2009 年 Google 研制出无人驾驶汽车。

2010 年至今为蓬勃期。 深度学习和大数据的兴起，迎来了人工智能的爆发式增长。由于物联网的发展，大量设备互联，采集了大量数据，一系列大数据的产品 Hadoop、Spark、HBase 相继问世，推动了大数据的应用。2012 年以谷歌收购 Freebase 为标志，知识工程正式发展到知识图谱的新阶段，云计算、人工智能芯片的应用大大提高了计算能力，卷积神经网络（CNN）、循环神经网络（RNN）、深度神经网络（DNN）也使得深度学习得到实质性的发展。

　　在共性技术和产品应用方面也是成绩斐然。百度的深度学习框架 PaddlePaddle 所具有的异构计算、并行训练、多种算法、多路通信、多端部署等核心特点，能够进行大规模异构计算集群，构建 AI 操作系统。科大讯飞在语音合成、语音识别、机器翻译、机器视觉以及认知智能领域取得了可喜的成就。腾讯 Robotics X 实验室研发的绝艺围棋机器人、智能冰球机器人、机器狗将人工智能技术与机器人紧密结合，实现了环境感知，能够在不确定的环境中进行自主决策和人机协同。阿里研发的"城市大脑"——城市交通巡逻、城市视频搜索、车流人流预测以及作为基础设施的大规模视频智能分析平台，为智慧城市提供了范例。

　　根据 Gartner 对 2019 年的 CIO 议程调查，2018 年至 2019 年间，部署人工智能的组织从 4% 增长到了 14%，与几年前相比，人工智能正在以多种不同的方式影响组织。自动机器学习和智能应用拥有较明显的发展势头，其他人工智能应用也同样值得关注，如人工智能平台即服务（AIPaaS）或人工智能云服务。受亚马逊 Alexa、谷歌 Assistant 等公司在全球范围内取得成功的推动，对话人工智能仍是企业规划日程中的首要内容。与此同时，诸如增强智能、边缘人工智能、数据标签和可解释的人工智能等新技术也在不断涌现。

基于人工智能技术的智能工厂

1.1 基于人工智能技术的智能工厂技术架构

基于人工智能技术的智能工厂技术架构总共分为三层：数字化平台、智能技术平台和制造业应用场景，如图 1.1 所示。

1. 数字化平台

生产装备、仓储物流装备要实现数字化，需要安装各种传感器、控制装置、数据采集与监控系统、边缘计算等模块，之后通过服务网 / 物联网平台实现万物互联，从而能够采集到大量的设备及产品工艺运行参数，为优化控制提供数据。通过一系列工业软件，如研发设计软件 CAD、CAE、CAPP、CAM、PLM，生产经营管理软件 ERP、SRM、CRM、PM MES 等，实现产品设计、工艺设计数字化，经营管理和生产制造过程的数字化。所有上述数据都能通过大数据管理平台、企业知识图谱、专家系统进行清洗、分类、储存，为人工智能的应用奠定基础。

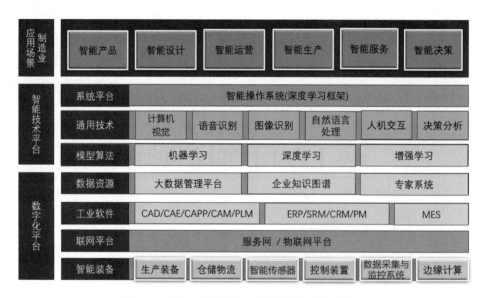

图 1.1　基于人工智能技术的智能工厂技术架构

2. 智能技术平台

现如今一大批人工智能企业开发了一系列人工智能通用工具、软件、产品及人工智能开源开放平台。制造业企业要利用这些成熟的工具、软件和产品，通过开源开放平台，将其应用于不同的优化场景，涉及的模型算法有机器学习、深度学习、增强学习，涉及的通用技术有计算机视觉、语音识别、图像识别、自然语言处理、人机交互、决策分析，涉及的系统平台为智能操作系统。

3. 制造业应用场景

应用企业数字化平台产生的大量数据，根据不同的应用场景，选择人工智能的工具、模型、算法，实现人工智能技术在智能产品、智能设计、智能运营、智能生产、智能服务和智能决策中的应用。

1.2　企业数字化是实现智能制造的基础

企业产品全生命周期的数字化是人工智能技术融入智能制造的基础。

1.2.1　产品数字化

通过一系列产品研发设计软件将产品、工艺数字化。

1. 计算机辅助设计

计算机辅助设计（CAD）在一系列设计标准、规范的约束条件下，综合运用机、电、液、声、光、信息技术，实现产品要求的技术指标、功能、性能、可靠性、经济、安全、环保等各项指标，通过三维建模设计，将产品、部件、零件的物理模型转化为计算机内部的数据模型，实现产品数字化。

2. 计算机辅助工程

计算机辅助工程（CAE）在 CAD 几何建模的基础上，通过静力学分析、动力学分析、运动分析、有限元分析一系列算法验证上述几何模型的合理性、科学性，模拟产品在不同工况下的表现，进行优化设计。

3. 计算机辅助工艺过程设计

计算机辅助工艺过程设计（CAPP）根据 CAD 设计要求，在一系列工艺设计规范、生产批量、企业生产工艺装备等约束条件下，正确选择产品或零件的加工工艺过程、加工方法，工艺卡，保证零件的形状、尺寸、内部和表面质量满足设计要求，提出工时定额和材料消耗定额等。

4. 计算机辅助制造

计算机辅助制造（CAM）对需要数控机床加工的零件，根据零件的几何模型、工艺要求、工艺环境等进行刀具路线的规划、刀位文件的生成、刀具轨迹仿真以及后处理和 NC 代码生成等作业过程。

5. 产品生命周期管理

产品生命周期管理（PLM）是指从人们对产品的需求开始，到产品淘汰报废的全部生命历程的项目、流程和数据的管理，实现 CAD、CAE、CAPP、CAM 系统的集成，并将管理范畴扩大到产品策划、设计、工艺准备、生产制造、售后服务、回收再利用整个生命周期的电子文档管理。产品生命周期管理是企业的数据源头，为企业资源计划（ERP）系统、制造执行（ME）系统、客户关系管理（CRM）系统、供应商关系管理（SRM）系统提供数据支撑。

上述研发设计软件能够帮助企业实现产品数字化，为产品的生产制造、供应链管理、售后服务提供数据支撑，同时也为人工智能的应用提供支持。

1.2.2　运营管理数字化

1. ERP

1977 年 9 月，美国著名生产管理专家奥列弗·怀特（Oliver Wight）提出了一个新概念——制造资源计划 MRP-II（Manufacturing Resources Planning-II）。MRP-II 是对制造业企业资源进行有效计划的一整套方法。它是一个围绕企业的基本经营目标，以生产计划为主线，对企业制造的各种资源进行统一计划和控制，使企业的物流、信息流、资金流保持畅通的动态反馈系统。根据美国生产库存控制学会（APICS）第九次编辑出版的字典，1990 年年初 Gartner Group 公司提出了 ERP 概念，即 ERP 是面向业务管理的信息系统，用于确定和规划企业在接受客户订单并进行制造、发运和结算所需的各种资源。ERP 系统与典型 MRP-II 系统的区别在于技术条件，诸如图形用户界面、关系数据库、第四代计算机语言、计算机辅助软件工程开发工具、客户 / 服务器体系结构以及系统的开放性和可移植性。通俗来说，ERP 是为从事制造、分销、服务的企业提供有效计划，控制所有资源的一套管理信息系统，以便其接受客户订单，并为之进行制造、发运和结算。上述定义确实是 MRP-II 和 ERP 最原始的定义，但是在 ERP 的定义中加入了当时计算机软件开发的环境是毫无意义的。计算机技术永远在发展，现在是浏览器 / 服务器、微服务架构、移动计算、工业 APP，以后是什么将不得而知。

今天如何定义 ERP？仁者见仁，智者见智，有人将 ERP 的核心概括为供应链管理，认为它跳出了传统企业边界，在供应链范围优化企业的资源。这句话肯定了 ERP 在供应链管理中的核心地位，这是正确的，但也有其不足之处。今天的 ERP 将原来的采购管理扩展成了 SRM，将原来的销售管理扩展成了 CRM，将原来的车间管理扩展成了制造执行系统（MES），所有这些加起来才能对整个供应链进行优化和控制。所以，作者认为 ERP 还是回归到面向制造业企业产供销人财物业务管理的信息平台这样一个定位，用于确定和规划企业在接受客户订单并进行制造、发运和结算所需的各种资源，这将为人工智能应用，优化运营管理提供真实准确的统计数据，服务于智能制造。

2. SRM

SRM 能够改善企业与供应链上游供应商、协作配套厂商的关系，是一种致力于实现与供应商建立长久紧密伙伴关系的软件技术解决方案，可应用在与企业采购、外协业务相关的领域，并通过对双方资源和竞争优势的整合来共同开拓市场，扩大市场需求和份额，降低产品前期的高额成本，实现双赢。SRM 的内容包括供应商寻源、准入、评价、退出等供应商管理，采购招标全过程管理，外协供应商管理等。总之企业能够通过 SRM 实现采购全过程的数字化。

3. CRM

CRM 是企业为提高核心竞争力，利用相应信息技术以及互联网技术来协调企业与顾客在销售、营销和服务上的交互，提升管理效率，提供创新且个性化的客户交互和服务的过程。CRM 的最终目标是吸引新客户、保留老客户以及将已有客户转为忠实客户，以增加市场份额。CRM 的内容包括市场信息管理、销售全过程管理、售后服务和客户关怀等。通过 CRM 能够实现客户关系管理全过程的数字化。

4. PM

对于按订单设计、按订单制造的项目来说，企业需要一套专门的工具来进行全过程管理，PM 便应运而生。PM 的内容包括项目报价、投标、合同、预算、项目分解、项目计划、项目采购、进度跟踪、预算执行、项目成本、项目交付、项目结算、获利分析等。PM 不仅需要使用计划评审技术（PERT）、关键路径法（CPM）等技术，PM 还需要应用 ERP、SRM、CRM 的一些功能。PM 最终能帮助企业实现项目管理的数字化。

1.2.3　生产制造数字化

1. 生产装备和物流的数字化

要想在生产制造过程中使用人工智能技术，首先要保证生产装备和物流设备实现了数字化。在装备数字化基础上安装各种传感器、嵌入式系统、网络通信模块、数据采集与监控系统、边缘计算设备等，实现单机产品的数字化和网络化。根据生产批量、相似工艺特征组成一条条柔性生产线、柔性制造单元，在单元内实现加工和物流的自动化，建设自动化立体仓库和物流配送系统，实现生产装备和物流的数字化。

2. 服务网 / 物联网平台

要实现生产制造过程数字化、智能化，就要将制造车间底层大量不同厂家、不同接口、不同协议的设备，如机器人、立体仓库、仪器仪表、环境传感器以及数控机床等异构设备的异构数据实现联网和通信，实现机器与机器、机器与人、人与人的万物互联。通过各种传感器，采集底层装备和系统的动态数据，将这些数据进行抽取、清洗、转换、装载，经过处理的数据通过网络传输到大数据管理平台，为人工智能的应用提供丰富的数据资源。

实现这种万物互联的最有效的技术就是服务网 / 物联网技术。国际电信联盟将物联网定义为通过智能传感器、射频识别（RFID）设备、卫星定位系统等信息传感设备，按照约定的协议，把任何物品与互联网连接起来，进行信息交换和通信，以实现对物品的智能化识别、定位、跟踪、监控和管理的一种网络。由此可见，物联网所要实现的是物与物之间的互联、共享、互通，因此又被称为"物物相连的互联网"，英文则是"Internet of Thing"（IoT），它与传统计算机网络相结合便形成了万物互联的服务网 / 物联网平台。

当前较为公认的物联网的基本架构包括三个逻辑层，即感知层、网络层、应用层，如图 1.2 所示⊖。

⊖　本图来自魏强的"物联网的概念、基本架构及关键技术"一文。

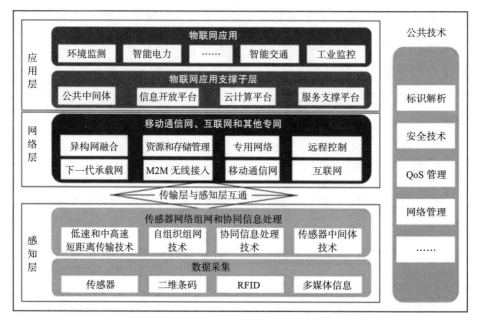

图 1.2　物联网的基本架构

　　感知层处在物联网的最底层,传感器系统、标识系统、卫星定位系统以及相应的信息化支撑设备(如计算机硬件、服务器、网络设备、终端设备等)组成了感知层的最基础部件。其中传感器是物联网系统中的关键组成部分,传感器的可靠性、实时性、抗干扰性等特性,对物联网应用系统的性能起到举足轻重的作用。传感器(transducer/sensor)是能感受被测量并将其按照一定规律转换成可用输出信号的器件或装置,通常由敏感元件和转换元件组成。传感器好比人类的眼睛、耳朵、鼻子、舌头、皮肤,能够感知周围环境的变化,做出适应环境的决策。传感器种类繁多,有各种分类的方式,可按传感器材料、工作原理、输出信号类型、工作机理、检测对象、制作工艺等标准进行分类。从应用角度一般按照检测对象分类,可分为物理量传感器(力学量、热学量、光学量、磁学量、电学量、声学量)、化学量传感器(气体、湿度、离子)、生物量传感器(生化量、生理量)。考核传感器的指标包括测量精度、范围、稳定性、阈值、体积、成本等。标识系统(signage system)指的是以标识系统化设计为导向,综合解决信息传递、识别、辨别和形象传递等功能的整体解决方案,它对物理世界进行标识和识别,是实现物联网全面感知的基础。常用的识别技术包括二维码、RFID 标识、GPS 定位、条形码等,涵盖物品识别、位置识别和地理识别。物联网的识别技术是以 RFID 为基础,RFID 是通过无线电信号识别特定目标并读写相关数据的无线通信技术。该技术不仅无须识别系统与特定目标之间建立的机械或光学接触,而且在许多恶劣的环境下也能进行信息传输,因此在物联网的运行中有着重要意义。

网络层由各种私有网络、互联网、有线和无线通信网、网络管理系统等组成,在物联网中起到信息传输的作用,该层主要用于传递感知层和应用层之间的数据,是连接感知层和应用层的桥梁。目前信息传输技术包含有线传感网络技术、无线传感网络技术和移动通信技术,其中无线传感网络技术应用较为广泛。无线传感网络技术又可分为远距离无线传输技术和近距离无线传输技术。其中,远距离无线传输技术包括 2G、3G、4G、5G、NB-IoT、Sigfox、LoRa,信号覆盖范围一般在几公里到几十公里,主要应用在远程数据的传输,如智能电表、智能物流、远程设备数据采集等。近距离无线传输技术包括 Wi-Fi、蓝牙、UWB、MTC、ZigBee、NFC,信号覆盖范围则一般在几十厘米到几百米之间,主要应用在局域网,比如家庭网络、工厂车间联网、企业办公联网。在生产车间要注意解决异构设备、异构数据、异构通信协议的互联互通问题。

应用层主要包括云计算、云服务、大数据管理、人工智能优化算法以及各种应用场景的解决方案。这些将在后面详细论述。

物联网中，除上面三个逻辑层外，信息安全问题也是互联网时代十分重要的议题，安全和隐私问题是物联网发展面临的巨大挑战。物联网除面临一般信息网络所具有的如物理安全、运行安全、数据安全等问题外，还面临特有的威胁和攻击，如物理俘获、传输威胁、阻塞干扰、信息篡改等。保障物联网安全涉及防范非授权实体的识别，阻止未经授权的访问，保证物体位置及其他数据的保密性、可用性，保护个人隐私、商业机密和信息安全等诸多内容，这里涉及网络非集中管理方式下的用户身份验证技术、离散认证技术、云计算和云存储安全技术、高效数据加密和数据保护技术、隐私管理策略制定和实施技术等。对于制造业企业来说，它们可以采购符合应用场景的商品化的物联网平台。

3. 制造执行系统

制造执行系统（MES）是美国先进制造研究机构 AMR 于 20 世纪 90 年代提出的概念。AMR 将 MES 定义为位于上层的计划管理系统与底层的工业控制之间的面向车间层的管理信息系统，它为操作人员或管理人员提供有关计划执行、计划跟踪以及资源追踪的相关信息。制造执行系统协会（Manufacturing Execution System Association，MESA）则将 MES 描述为在工厂综合自动化系统中起着中间层的作用，在 ERP 系统长期计划的指导下，根据底层控制系统采集的与生产有关的实时数据，能够对短期生产作业的计划调度、监控、资源配置和生产过程进行优化。

图 1.3 是 MES 主要业务活动模型，其中包括 10 项管理活动，分别为产品定义管理、生产资源管理、作业计划管理、生产调度管理、生产执行管理、数据采集管理、完工分析管理、物料管理、质量管理、绩效管理。

MES 能够为企业创造许多价值，如缩短在制品周转和等待时间、提高设备利用率和车间生产能力、提高现场异常情况的响应和处理能力、缩短计划编制周期，以及降低计划人员的人力成本、提高计划准确性、促进计划从粗放式管理向细化到工序的详细计划转变、提高生产统计的准确性和及时性、降低库存水平和在制品数量、改善质量控制过程、提高产品质量等。

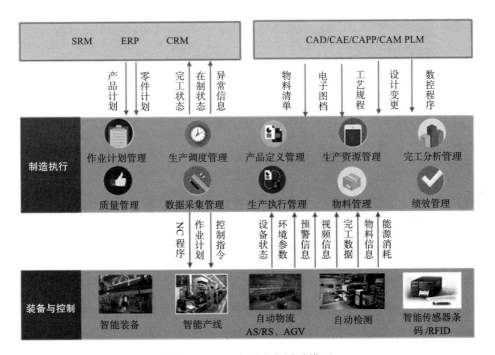

图 1.3　MES 主要业务活动模型

4. 企业大数据管理平台

在数据成为企业数据资产、成为人工智能的基础、成为企业核心竞争力的今天，企业必须将数字化生产装备、工业软件、外部新媒体产生的大量结构化、半结构化和非结构化数据进行有效管理，这就需要一个企业大数据管理平台，如图 1.4 所示。

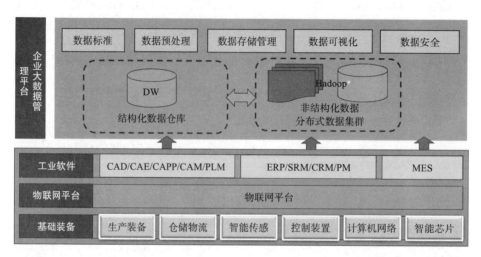

图 1.4　企业大数据管理平台

　　Hadoop 是构建企业大数据管理平台较好的工具之一，是一个能够对大量数据进行分布式处理的软件框架。它以一种可靠、高效、可伸缩的方式进行数据处理。它能够维护多个工作数据副本，确保对失败的节点重新进行分布处理，恢复原来的数据，从而大大提高数据的安全性。它以并行的方式工作，所以数据处理的效率较高。此外它能存储结构化、半结构化、非结构化和流数据，具有 PB 级超大数据存储和处理的能力。

　　Hadoop 可以在 Linux 操作系统平台上运行，支持 Java 语言、C++ 等编程语言。Hadoop 依托强有力的 ETL 处理能力，实现数据的抽取、清洗、转换、装载。它能够使大数据处理引擎尽可能地靠近存储，批处理结果可以直接存储。依托 Hadoop 的 MapReduce 功能将单个任务打碎，并将碎片任务发送到多个节点上，之后再以单个数据集的形式加载到数据仓库里。

　　企业大数据平台要具有数据标准、数据预处理、数据存储管理、数据可视化、数据安全等功能。数据标准包括数据标准定义、数据评估监测、数据标准落地、数据版本管理；数据预处理是指运用数据冗余剔除、异常检测、归一化等方法对原始数据进行抽取、清洗、转换、装载的功能；数据存储管理包括通过 Hadoop 的数据管理引擎实现海量工业数据的分区选择、存储、编目与索引等；数据可视化包括利用图形、图像处理、计算机视觉以及用户界面，通过表达、建模以及对立体、平面、属性以及动画的显示，对数据加以可视化展示；数据安全包括制度安全、技术安全、运算安全、存储安全、传输安全、产品和服务安全等。

5. 企业知识图谱

（1）知识图谱的由来

　　1977 年，美国计算机科学家费根鲍姆正式命名知识工程，他曾于 1994 年获得图灵奖，被誉为专家系统之父，知识工程奠基人。知识工程是自上而下的，并严重依赖专家干预。知识工程的基本目标就是把专家的知识赋予机器，利用机器解决问题。在传统的知识工程里，首先需要有相关领域的专家，而且专家能够把自己的知识表达出来；其次，还需要有知识工程师把专家表达的知识变成计算机能够处理的形式。

　　互联网的应用催生了大数据时代下的知识工程。虽然知识工程解决问题的思路极具前瞻性，但传统知识工程能够表示的规模有限，难以适应互联网时代大规模开放应用的需求。为应对这些问题，学界和业界的知识工程研究者们试图寻找新的解决方案。于是学者们将目光转移到数据本身上，提出了链接数据的概念。链接数据中的数据不仅仅需要发布于语义网中，更需要建立自身数据之间的联系，从而形成一张巨大的链接数据网。首先在这项技术上取得重大突破的是谷歌的搜索引擎产品，谷歌将其命名为"知识图谱"。

（2）知识图谱的定义

知识图谱旨在描述真实世界中存在的各种实体或概念及其关系，其构成了一张巨大的语义网络图，节点表示实体或概念，边则由属性或关系构成。现在的知识图谱已被用来泛指各种大规模的知识库。图1.5便是一个围绕产品全生命周期的知识图谱示例，一般来说知识图谱中包含三种节点：

实体或概念指的是具有可区别性且独立存在的某种事物。以图1.5为例，产品、产品1、研发设计、生产制造、采购、质量等都是一个个实体。世界万物由若干具体事物组成，实体是知识图谱中的最基本元素，不同的实体间存在不同的关系。

属性及属性值用来刻画实体的内在特性，从一个实体指向它的属性值。不同的属性类型对应不同类型属性的边。属性值主要指对象指定属性的值。如图1.5所示的"采购""生产""质量"是几种不同的属性。属性值则是采购物料的数量和价格、生产数量和进度、采购和生产的质量指标。

关系则是用来连接两个实体，刻画它们之间的关联。知识图谱亦可被看作一张巨大的关系网图，图中的节点表示实体或概念，而图中的边则由属性或关系构成。

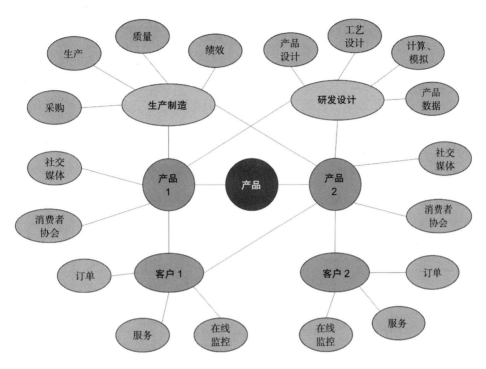

图 1.5   产品全生命周期知识图谱

（3）知识图谱的技术架构

知识图谱的技术架构是指其构建模式的结构，如图 1.6 所示。图 1.6 中虚线框内的部分为知识图谱的构建过程，也包含知识图谱的更新过程。知识图谱构建从最原始的数据（包括结构化、半结构化、非结构化数据）出发，采用一系列自动或者半自动的技术手段，从原始数据库和第三方数据库中进行知识提取，并将其存入知识库的数据层和模式层中，这一过程包含数据采集、知识抽取、知识融合、知识加工、知识应用五个过程，每一次更新迭代均包含这四个阶段。知识图谱主要有自顶向下（top-down）与自底向上（bottom-up）两种构建方式。自顶向下指的是先为知识图谱定义好本体与数据模式,再将实体加入知识库中。该构建方式需要利用一些现有的结构化知识库作为其基础知识库,例如 Freebase 项目就是采用这种方式,它的绝大部分数据是从维基百科中得到的。自底向上指的是从一些开放链接数据中提取出实体,选择其中置信度较高的加入知识库中,再构建顶层的本体模式。对于大多数制造业企业来说,由于缺乏大量的实证数据,在应用初期主要使用自顶向下的构建方式。

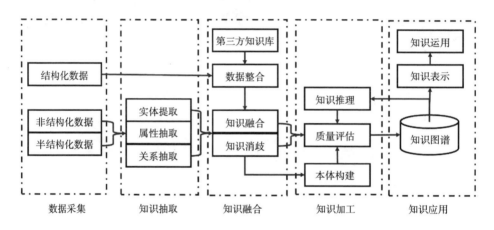

图 1.6　知识图谱的技术架构

(4)知识图谱与大数据的区别

知识图谱是运用一套新的技术和方法论在知识结构化和分析洞察两个方面提升信息转化为知识并且被利用的效率。大数据和知识图谱的抽象工作都是关于"结构化"和"关联"的,不过大数据是数据结构化和数据级别的关联,知识图谱是知识结构化和知识级别的关联。所谓知识结构化在知识图谱技术中就是用三元组的数据结构对实体和关系建模。知识图谱在解决分析洞察这类问题时,在处理"关系"这件事情上,更直观也更高效。知识图谱技术无非是将人工的过程平移,希望计算机能够更高效地完成这一工程。大数据很大程度上是在尝试将非结构化的数据转为结构化的数据，使其能被计算机分析，从这个意义上讲，传统的企业大数据平台、数据治理和知识图谱无疑都要共享企业的大数据。

6. 专家系统

（1）专家系统的定义及发展历程

专家系统是一个智能计算机程序系统，其内部含有大量的某个领域专家水平的知识与经验，能够利用人类专家的知识和解决问题的方法来处理该领域的问题。也就是说，专家系统是一个具有大量专门知识与经验的程序系统，它应用人工智能技术和计算机技术，根据某领域一个或多个专家提供的知识和经验，进行推理和判断，模拟人类专家的决策过程，以便解决那些需要人类专家处理的复杂问题。简而言之，专家系统是一种模拟人类专家解决领域问题的计算机程序系统。

专家系统的发展已经历了三代，正在向第四代过渡和发展。第一代专家系统以高度专业化、解决专业问题的能力强为特点，但在体系结构的完整性、可移植性、系统的透明性和灵活性等方面存在缺陷，解决问题的能力弱。第二代专家系统属单学科专业型、应用型系统，其体系结构较完整，移植性方面也有所改善，而且在系统的人机接口、解释机制、知识获取技术、不确定推理技术、增强专家系统的知识表示和推理方法的启发性和通用性等方面都有所改进。第三代专家系统属多学科综合型系统，采用多种人工智能语言，综合采用各种知识表示方法和多种推理机制及控制策略，并开始运用各种知识工程语言、骨架系统及专家系统开发工具和环境来研制大型综合专家系统。在总结前三代专家系统的设计方法和实现技术的基础上，已开始采用大型多专家协作系统、多种知识表示、综合知识库、自组织解题机制、多学科协同解题与并行推理、专家系统工具与环境、人工神经网络知识获取及学习机制等最新人工智能技术来实现具有多知识库、多主体的第四代专家系统。

（2）专家系统的构成

专家系统通常由人机交互界面、知识获取、知识库、推理机、综合数据库、解释器、6 个部分构成，如图 1.7 所示。其中尤以知识库与推理机相互分离而别具特色。专家系统的构成随专家系统的类型、功能和规模的不同而有所差异。

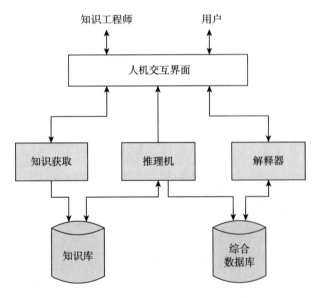

图 1.7   专家系统的构成

（3）人机交互界面

人机交互界面是系统与用户进行交流时的界面。通过该界面，用户输入基本信息、回答系统提出的相关问题，并输出推理结果及相关的解释等。

（4）知识获取

知识获取是专家系统知识库是否优越的关键，也是专家系统设计的瓶颈问题。通过知识获取，可以扩充和修改知识库中的内容，也可以实现自动学习功能。

（5）知识库

知识库用来存放专家提供的知识。使用专家系统解决问题要运用知识库中的知识并模拟专家的思维方式，因此，知识库是专家系统质量是否优越的关键所在，即知识库中知识的质量和数量决定着专家系统的质量和水平。一般来说，专家系统中的知识库与专家系统程序是相互独立的，用户可以通过改变、完善知识库中的知识内容来提高专家系统的性能。

人工智能中的知识表示形式有产生式规则、框架、语义网络等，而在专家系统中运用得较为普遍的知识是产生式规则。产生式规则以"IF…THEN…"的形式出现，IF 后面跟的是条件（前件），THEN 后面跟的是结论（后件），条件与结论均可以通过逻辑运算 AND、OR、NOT 进行复合。在这里，产生式规则的理解非常简单，即如果前提条件得到满足，就会产生相应的动作或结论。

（6）推理机

推理机针对当前问题的条件或已知信息，反复匹配知识库中的规则，获得新的结论，以得到问题求解结果。在这里，推理方式可以有正向链和逆向链两种。正向链的策略是找出前提可以同数据库中的事实或断言相匹配的那些规则，并运用冲突的消除策略，从这些都可满足的规则中挑选出一个来执行，从而改变原来数据库中的内容。这样反复地进行寻找，直到数据库的事实与目标一致即找到答案，或者到没有规则可以与之匹配时才停止。逆向链的策略是从选定的目标出发，寻找执行后果可以达到目标的规则。如果这条规则的前提与数据库中的事实相匹配，问题就得到解决；否则就把这条规则的前提作为新的子目标，并就新的子目标找到可以运用的规则，执行逆向序列的前提，直到最后运用的规则的前提可以与数据库中的事实相匹配，或者直到没有规则再可以应用时，系统便以对话形式请求用户回答并输入必需的事实。由此可见，推理机就如同专家解决问题的思维方式，知识库就是通过推理机来实现其价值的。

（7）综合数据库

综合数据库专门用来存储推理过程中所需的原始数据、中间结果和最终结论，往往是作为暂时的存储区。

（8）解释器

解释器能够根据用户的提问，对结论、求解过程做出说明，从而使专家系统更具有人情味。

如何运用专家系统求解智能制造的问题将在后面各章中阐述。

1.3　人工智能技术是实现智能制造的原动力

企业数字化实现了生产设备、设施的数字化，它还通过一系列工业软件实现了产品研发设计、经营管理的数字化。同时应用大数据管理平台、企业知识图谱、专家系统可以对企业知识和数据进行管理。如果能够充分利用人工智能技术开发公司开发的一系列人工智能通用工具、软件、产品、人工智能开源开放平台，实现人工智能技术在制造业企业的落地就会容易得多。人工智能技术如机器视觉、语音识别、自然语言处理、机器学习、深度学习、增强学习、迁移学习、人工智能操作系统等都能在智能制造中发挥重大作用。

1.3.1　机器视觉

机器视觉是指利用计算机对图像进行处理、分析和理解，以识别各种目标的技术，也就是用机器代替人眼来做测量和判断，是应用深度学习算法的一种实践。机器视觉分为图像采集、图像预处理、特征提取和图像识别四个步骤。现阶段机器视觉技术一般用于质量检测、自动驾驶、医疗诊断、无人值守车库闸机、人脸识别与商品识别等。质量检测用于产品外观形状和尺寸检测、零件尺寸检测、表面或内部缺陷检测；自动驾驶用于车道线保持、信号灯识别、行人识别、停车辅助等；医疗诊断用于医学影像的分析和诊断；具备机器视觉能力的无人值守车库闸机，能将车牌的图像变成文字并用语音读出，从而进行车辆的识别和收费管理；人脸识别主要运用在安全检查、身份核验与移动支付中；商品识别主要运用在商品流通过程中，特别是无人货架、智能零售柜等无人零售领域。

就机器视觉软件代表来说，国外有康耐视等，国内则有图智能、海深科技等。

1.3.2　语音识别和自然语言处理

语音识别也被称为自动语音识别（Automatic Speech Recognition，

ASR），其目标是将人类的词汇内容转换为计算机可读取的输入，例如按键、二进制编码或者字符序列。语音合成是语音识别的逆过程，也称为文字转语音，它是一种将计算机自己产生的或外部输入的文字信息转变为易懂且流畅的口语输出。有了语音识别和语音合成，就能实现自然语言处理。如果想要让机器在与人交流时做到对答如流，还需要赋予机器灵魂，其中自然语言处理（NLP）就是关键。

自然语言处理是计算机领域与人工智能领域中的一个重要分支。由于数据大幅度增长、计算力大幅度提升，深度学习也实现了端到端的训练，人工智能的发展进入了一个高潮。人们也逐渐开始将深度学习方法引入NLP 领域，在机器翻译、问答系统、自动摘要等方面取得成功。百度音箱就是自然语言处理与百度搜索结合的产物，科大讯飞的语言识别和翻译机已经有了很成熟的商品。

1.3.3　机器学习、深度学习、增强学习和迁移学习

1. 机器学习

机器学习的创始人之一亚瑟·塞缪尔（Arthur Samuel）在 1959 年将机器学习描述为一个让计算机无须显式编程也能进行学习的研究领域。1998年，另一位著名的机器学习研究者汤姆·M. 米契尔（Tom M.Mitchell）提出了一个更精确的定义，假设用性能度量 P 来评估计算机程序在某类任务的性能，若一个程序通过利用经验 E 在任务 T 中改善了性能，那么可以称这个程序从经验 E 中学习。为了阐述清楚，在此举一个例子：在下棋程序中，经验 E 指的就是程序上万次的自我实战经验，任务 T 就是下棋，性能度量 P 指的就是在比赛过程中取胜的概率，有了性能指标后，就能告诉系统是否要学习该经验。机器学习能够让程序从训练数据中学习，以便

对新的、未知的数据做出尽可能准确的预测。

2. 深度学习

深度学习自 1943 年神经网络和数学模型 MCP 模型提出后，经过 73 年的研究和发展，直到 2016 年谷歌旗下的 DeepMind 公司基于深度学习开发的 AlphaGo 以 4 比 1 的比分战胜了国际顶尖围棋高手李世石才被推到世人面前。后来，AlphaGo 又接连和众多世界级围棋高手过招，均取得完胜。2017 年 5 月，在中国乌镇围棋峰会上，它与排名世界第一的世界围棋冠军柯洁对战，以 3 比 0 的总比分获胜。围棋界公认 AlphaGo 的棋力已经超过人类顶尖职业围棋选手。同年，基于强化学习算法的 AlphaGo 升级版 AlphaGo Zero 横空出世，其采用 "从零开始" "无师自通" 的学习模式，以 100:0 的比分轻而易举打败了之前的 AlphaGo。除了围棋，它还精通国际象棋等其他棋类游戏，可以说是真正的棋类 "天才"。

深度学习是机器学习中一种基于使用深度神经网络为工具的机器学习算法，使用含多隐层的多层感知器的深度学习结构，通过组合底层特征形成更加抽象的高层表示属性类别或特征，以发现数据的分布式特征。深度学习使用无监督式或半监督式的特征学习和分层特征提取高效算法来替代手工获取特征。McCulloch-Pitts Neuron 简称为 MCP 模型。所谓 MCP 模型，其实是按照生物神经元的结构和工作原理构造出来的一个抽象和简化了的模型，当时是希望 MCP 能够用计算机来模拟人的神经元反应的过程，该模型将神经元简化为三个过程：输入信号线性加权，求和，非线性激活（阈值法），其算法如图 1.8 所示。

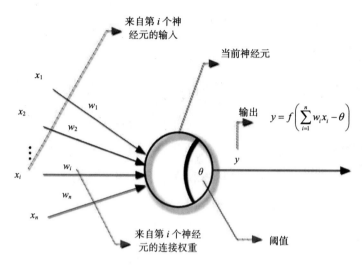

图 1.8　深度学习的 MCP 算法

图 1.8 中，x_i 指第 i 个神经元的输入，w_i 指第 i 个神经元的连接权重，θ 指阀值

$$y = f\left\{\sum_{i=1}^{n} w_i x_i - \theta\right\}$$

深度学习的模型有很多，目前开发者最常用的深度学习模型与架构包括卷积神经网络（CNN）、深度置信网络（DBN）、受限玻耳兹曼机（RBM）、递归神经网络（RNN、LSTM、GRU）、递归张量神经网络（RNTN）、自动编码器（AutoEncoder）、生成对抗网络（GAN），等等。

3. 增强学习

增强学习是机器学习中的一个领域，强调如何基于环境行动，以取得最大化的预期利益。其灵感来源于心理学中的行为主义理论，即有机体如何在环境给予的奖励或惩罚的刺激下，逐步形成对刺激的预期，产生能获得最大收益的习惯性行为。因此，增强学习实际上是指智能体在与环境进行交互的过程中，学会了最佳决策序列。增强学习由以下要素组成：

- 智能体（agent）：增强学习的本体，作为学习者或者决策者。
- 环境（environment）：增强学习智能体以外的一切，主要由状态集合组成。
- 状态（state）：一个表示环境的数据，状态集则是环境中所有可能的状态。
- 动作（action）：智能体可以做出的动作，动作集则是智能体可以做出的所有动作。
- 奖励（reward）：智能体在执行一个动作后，获得的正/负反馈信号，奖励集则是智能体可以获得的所有反馈信息。
- 策略（policy）：增强学习是从环境状态到动作的映射学习，一般将该映射关系称为策略。通俗来说，即智能体如何选择动作的思考过程就是策略。
- 目标（objective）：智能体自动寻找在连续时间序列里的最优策略，而最优策略通常指最大化长期累积奖励。在此基础上，智能体和环境通过状态、动作、奖励进行交互，智能体执行了某个动作后，环境将会转换到一个新的状态，而对于新的状态，环境会给出奖励信号（正奖励或者负奖励）。随后，智能体根据新的状态和环境反馈的奖励，按照一定的策略执行新的动作。

4. 迁移学习

迁移学习顾名思义就是把已训练好的模型参数迁移到新的模型来帮助新模型训练。考虑到大部分数据或任务是存在相关性的，所以通过迁移学习可以将已经学到的模型参数（也可理解为模型学到的知识）通过某种方式来分享给新模型，从而加快并优化模型的学习效率，而不用像大多数网络那样从零学习（Starting From Scratch）。在迁移学习中，首先在基础数据集和任务上训练一个基础网络，然后将学习到的特征重新调整或者迁移到另一个目标网络上，以此来训练目标任务的数据集。如果这些特征是容易泛化的，且同时适用于基本任务和目标任务，而不只是特定于基本任务，那迁移学习就能有效进行。

以上讨论的算法和人工智能的关系如图 1.9 所示，可以看出，提及的算法都是属于人工智能的范畴，它们相互交叉但不完全重合，机器学习是人工智能的算法基石，而其他算法都是机器学习的一个分支。

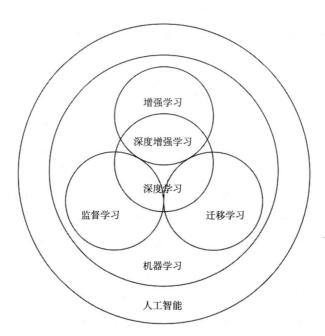

图 1.9　机器学习等和人工智能之间的关系

1.3.4　人工智能操作系统

计算机有操作系统，从 DOS 到 Windows、UNIX、Linux 等，手机有安卓以及 iOS，工程师们在这些操作系统环境下开发各种各样的应用系统。那么，如果有了人工智能操作系统，就可以为制造业融入人工智能提供强有力的工具。人工智能操作系统应具有通用操作系统所具备的功能，并且包括语音识别、机器视觉、执行系统和认知行为系统（具体包含文件系统、进程管理、进程间通信、内存管理、网络通信、安全机制、驱动程序、用户界面、语音识别子系统、机器视觉子系统、执行子系统、认知子系统等）。图 1.10 是百度飞桨（PaddlePaddle）人工智能操作系统全景图，也叫飞桨深度学习平台。

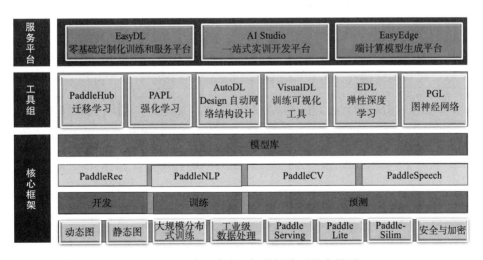

图 1.10　百度飞桨人工智能操作系统全景图

百度飞桨是国际领先的端到端开源深度学习平台，集核心框架、工具组和服务平台为一体，拥有兼顾灵活性和高性能的开发机制、工业级的模型库、超大规模分布式训练技术、高速推理引擎以及系统化的社区服务五大优势。飞桨深度学习平台起到了承上启下的作用，上承各种业务模型、行业应用，下接芯片、大型计算机系统，致力于让深度学习技术的创新与应用更简单。

核心框架：飞桨为用户提供丰富的软件开发、训练和预测的工具，还提供动态图和静态图两种计算图。动态图组网更灵活、调试网络更便捷，实现 AI 更快速；静态图部署方便、运行速度快，应用落地更高效。飞桨提供的 80 多种官方模型，全部经过真实应用场景的有效验证，其中不仅包含"更懂中文"的 NLP 模型，还包括同时开源多个视觉领域国际竞赛冠军算法。飞桨同时支持稠密参数和稀疏参数场景的超大规模深度学习并行训练。支持万亿规模参数、数百个节点的高效并行训练，提供强大的深度学习并行技术。飞桨提供高性价比的多机 CPU 参数服务器解决方案，基于真实的推荐场景的数据验证，可有效地解决超大规模推荐系统、超大规模数据、自膨胀的海量特征及高频率模型迭代的问题，实现高吞吐量和高加速比。飞桨完整支持多框架、多硬件和多操作系统，为用户提供高兼容性、高性能的多端部署能力。依托业界领先的底层加速库，利用 Paddle Lite 和 Paddle Serving 分别实现为端侧和服务器上的部署飞桨提供高效的自动化模型压缩库 PaddleSlim，实现高精度的模型体积优化，并提供业界领先的轻量级模型结构自动搜索 Light-NAS。

工具组：飞桨提供很多工具。飞桨 PaddleHub 是预训练模型管理和迁移学习组件，10 行代码就可以完成迁移学习，它提供 40 多种预训练模型，覆盖文本、图像、视频三大领域八类模型。模型即软件，通过 Python API 或者命令行工具，一行代码就可以完成预训练模型的预测，结合 Fine-tune API，10 行代码就可以完成迁移学习。飞桨 PARL 是一种基于飞桨的深度强化学习框架，具有高灵活性和可扩展性，支持可定制的并行扩展，覆盖

DQN、DDPG、PPO、IMPALA、A2C、GA3C 等主流强化学习算法。飞桨 AutoDL Design 能够让深度学习来设计深度学习，设计的部分网络效果可优于人类专家的设计效果。AutoDL Design 包含网络结构自动化设计、迁移小数据建模和适配边缘计算三个部分。开源的 AutoDL Design 自动网络结构设计的图像分类网络在 CIFAR10 数据集中正确率达到 98%，效果优于目前已公开的 10 种人类专家设计的网络，居于业内领先位置。飞桨 VisualDL 可以看作为一个深度学习可视化的工具库，能够可视化深度学习过程，帮助开发者方便地观测训练整体趋势、数据样本质量、数据中间结果、参数分布和变化趋势、模型的结构，更便捷地处理深度学习任务。飞桨 EDL 能够实现弹性深度学习计算，资源空闲时一个训练作业多用一些资源，忙碌的时候少用一些资源，实现资源弹性调度。飞桨 PGL 是支持百亿规模巨图的工业级图学习框架。它支持分布式图存储及分布式学习算法，覆盖 30 余种图学习模型，包括图语义理解模型 ERNIESage 等。

　　服务平台：飞桨为用户提供了很好的服务工具。飞桨 EasyDL 为零算法基础的企业用户和开发者提供高精度的 AI 模型定制服务，已在零售、工业、安防、医疗、互联网、物流等 20 多个行业中落地应用。飞桨 AI Studio 是一站式深度学习开发平台，集开放数据、开源算法、算力三位一体，为开发者提供高效学习和开发环境、竞赛项目，支持高校老师轻松实现 AI 教学，并助力企业加速落地 AI 业务场景。飞桨 EasyEdge 是端计算模型生成平台，可基于多种深度学习框架、网络结构的模型，快捷生成端计算模型及封装 SDK，适配多种 AI 芯片与操作系统。

　　类似的人工智能操作系统还有很多，如 TensorFlow、Keras、MXNet、PyTorch、CNTK、Theano、Caffe、DeepLearning4、Neon 等。谷歌、微软、亚马逊、Facebook 等商业巨头都加入了这场深度学习框架大战，国内除百度外还有旷视科技也在研发使用自主开发的深度学习框架。

在当下新工业革命和人工智能发展的大背景下，深度学习的通用性特点，加上深度学习框架及平台的发展，正在推动人工智能标准化、自动化和模块化，人工智能的应用进入工业大生产阶段。作为制造业企业，要善于运用这些研究成果和平台工具，快速、高水平、低成本地实现人工智能在制造业的落地。

应用场景是 AI 在智能制造中落地，企业数字化是实现智能制造的基础，人工智能技术是实现智能制造的原动力，有了基础和原动力，本书将分别就人工智能技术在机电产品、研发设计、经营管理、生产制造、客户服务、经营决策六个方面的融合之道（即应用场景）展开介绍。

人工智能技术在智能产品中的应用

2.1 智能产品综述

随着新一代信息技术、人工智能技术的快速发展，智能产品如雨后春笋般涌现。小到一个垃圾桶，大到无人机、无人驾驶汽车，无所不在的智能产品快速出现在日常生活和生产之中。每个企业都必须把产品智能化作为企业的发展战略来抓，因为产品在市场上的竞争力决定了企业的成败。

何为智能产品？将先进制造技术、传感技术、自动控制技术、嵌入式系统、软件技术等集成和深度融合到产品之中，使产品具有感知、分析、推理、决策、控制功能，具有信息存储、传感、无线通信功能，可接入物联网具有远程监控、远程服务功能，这便是智能产品。它能为客户创造更大价值，并且更具竞争力。典型的智能产品有智能汽车、智能机床、智能机器人、智能家电与智能家居等。

2.2 智能汽车

智能汽车是目前全世界关注度最高、投资力度最大、进展速度最快，也是人们期望值最高的产品之一。各国互联网巨头独立或者与汽车厂商合作，向智能汽车研发进军。

你是否曾畅想过这样的出行方式？出门前只需通过手机发送指令让你的电动汽车在老地方等你，并提前将车内空调打开，选择自己最舒适的车内温度；上车后直接输入目的地，汽车自动通过云端设置最优驾驶路线，一路上甚至不用你开车，只需动动手指；到达目的地后，你可以先下车，汽车可以自动泊车，停到最优的停车位，甚至还可以进行无线充电；你的汽车就像一部智能手机，不断体验新功能，联网状态下即可满足你的所有操作需求……

没错，上述所有的酷炫功能都将会在一辆智能汽车上体现，它可以集环境感知、规划决策、多等级辅助驾驶等功能于一体，将 IT 语言与机械语言相融合，是计算机、现代传感、信息融合、通信、人工智能及自动控制等技术的综合体。它利用车载传感器来感知车辆周围环境，并根据感知所获得的道路情况、车辆位置和障碍物信息，控制车辆的转向和速度，从而使车辆能够安全地在道路上行驶。

这样的概念听起来很"高大上"，但简单来说就相当于给汽车装上了"眼睛""大脑"和"四肢"，即摄像头、电子计算机和自动操纵系统等装置，汽车会像人一样"思考""判断"和"行走"，从而实现人、车、路的互联互通。一台智能汽车的基本配置如图 2.1 所示。

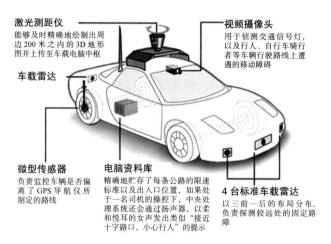

激光测距仪
能够及时精确地绘制出周边 200 米之内的 3D 地形图并上传至车载电脑中枢

车载雷达

视频摄像头
用于侦测交通信号灯，以及行人、自行车骑行者等车辆行驶路线上遭遇的移动障碍

微型传感器
负责监控车辆是否偏离了 GPS 导航仪所制定的路线

电脑资料库
精确地贮存了每条公路的限速标准以及出入口位置，如果处于一名司机的操控下，中央处理系统还会通过扬声器，以柔和悦耳的女声发出类似"接近十字路口，小心行人"的提示

4 台标准车载雷达
以三前一后的布局分布，负责探测较远处的固定路障

图 2.1　智能汽车的基本配置

一辆智能汽车除了具备传统汽车的车身、发动机、前后桥、变速箱、制动系统、传统意义的汽车电子、内饰外，还具备一系列的感应器，如车载雷达、视频摄像头、激光测距仪、微型传感器，以此来感知外部环境动态变化，当然还有若干车辆运行参数的传感器，实时感知车辆运行状态，包括速度、温度、电量／油量、机油、空气质量、排放指标等。因此，与一般汽车相比，智能汽车具备以下新的模块或功能。

1. 自动驾驶系统

通过自动驾驶系统，智能汽车可以实现最优路线指引、车速规划等智能规划。未来智能规划还会就交通信息、路况信息以及天气信息实现交互和传递，届时将可以给车主带来极大的便利。安装在驾驶室内的摄像头识别交通指示牌和信号灯，轮胎附近的传感器可以根据速度和方位推算出汽车当前所在位置。汽车内部有一系列的感应器，由激光探测仪、无线电雷达探测器、摄像设备等组成。通过这一系列感应器，汽车可以清晰地"看到"周围物体，清楚地掌握它们的大小、距离，时刻对周围环境保持 360°

无死角的监测，进而判断出周围物体将可能对车辆的运行和路线造成什么影响，并做出相应的反应，从而保持正常行驶。

整个系统的核心是车顶上的激光测距仪。该设备在高速旋转时向周围发射激光束，激光碰到周围的物体并返回，便可计算出车体与周边物体的距离。计算机系统再根据这些距离数据描绘出精细的3D地形图，然后与高分辨率的地图相结合，生成不同的数据模型供车载计算机系统使用。在汽车的前后保险杠上装有多个雷达，用于探测周边情况。后视镜附近有一个摄像头，以检测红绿灯情况。除此以外，还有一个GPS、一个惯性测试单元、一个车轮编码器，用来确定车辆位置，跟踪其运行情况。

所有上述设备采集到的数据都将输入车载计算机，构成一套自动驾驶系统，在极短的时间内帮助车辆做出判断：是该加速、刹车还是转向。

2. 软件系统升级

智能汽车好比目前的智能手机，车主可以在联网状态下随时随地更新车辆的最新功能，如实现导航服务、语音导航、巡航控制、防撞辅助、倒车辅助增强、车速辅助、智能温度预设、自动紧急制动、盲点警报、代客模式以及3D导航等功能的更新。其中，代客模式是实现智能化服务的措施，如果将汽车借给了不太靠谱的朋友，代客模式就可以保护汽车的各种隐私和锁死车主的各种车辆状态设定，比如汽车只能在限制的预设车速下行驶、无法开启后备厢、无法访问通信记录和个人信息等。巡航控制也可以使汽车自动跟踪前方车辆调整车速和行驶方向，在超车时会在保持安全车距的条件下，自动实现超车功能。

3. 远程诊断

远程诊断功能可以让车主在遇到问题时，直接联络供应商的售后技术支持部，服务工程师可直接通过后台查看车辆出现了哪些问题，不用到店进行检查，省去了车主的时间、提高了诊断效率。这一切都基于联网，也是所谓的"车联网"技术。

4. 自动求助

智能汽车不仅要智能、环保还要安全。智能汽车可以通过辅助驾驶、自助驾驶等功能保护车辆出行安全，自动求助功能是在车辆发生意外，如发生了碰撞、翻车、违规等紧急情况时，该车将立即自动发送后台相关参数，客服人员会在必要情况下，及时联络车主帮其处理后续事宜。此外，后台工作人员也可通过车号自动得知该车辆是否需要更换相关部件，辅助车主进行升级。

5. 接入车联网

车联网是以车内网、车际网和车载移动互联网为基础，按照约定的通信协议和数据交互标准，在车与车、车与路、车与行人、车与互联网之间，进行无线通信和信息交换的大系统网络，是能够实现智能化交通管理、智能动态信息服务和车辆智能化控制的一体化网络，是物联网技术在交通系统领域的典型应用。智能汽车必须接入车联网，实现车辆与交通中心交互、车与车交互、车与路、车与行人交互等。智能汽车要配置移动客户端软件，车主可通过 APP 操作实时操控车辆。如果车辆丢失，远程应用即可查看车辆位置并协助找回车辆。

6. 自动泊车系统

自动泊车系统就是不用人工干预，自动停车入位的系统。该系统包括前面所说的环境数据采集系统、中央处理器和车辆策略控制系统，环境数据采集系统包括图像采集系统和车载距离探测系统，可采集图像数据及周围物体距车身的距离数据，并通过数据线传输给中央处理器。中央处理器可将采集到的数据分析处理后，得出汽车的当前位置、目标位置以及周围的环境参数，依据上述参数确定自动泊车策略，并将其转换成电信号。车辆策略控制系统接受电信号后，依据指令进行如汽车行驶的角度、方向及动力支援方面的操控。

不同的厂家还会开发各种各样的系统，如车辆稳定系统、防撞系统等。

中国智能汽车发展非常迅速，2020 年 4 月 20 日，由百度 Apollo 自动驾驶系统与一汽红旗合作的自动驾驶汽车在长沙正式向公众开放乘坐；报名网约车，可以免费呼叫自动驾驶车辆，在开放测试道路上进行试乘体验；上海智能网联汽车规模化载人示范应用启动；滴滴出行首次面向公众开放自动驾驶服务。如今的自动驾驶技术，和若干年前相比，核心原理并没有发生大的质变，但芯片、算法、操作系统、传感器、雷达等技术一直在优化，当前，智能驾驶技术已应用到不同车型、不同场景，无人驾驶汽车真的来了。

智能汽车正处于发展时期，其智能化和自动驾驶的程度不同对使用者和法律责任不同，为此 2021 年 8 月，国家市场监督管理总局、国家标准化管理委员会批准发布针对自动驾驶功能的《汽车驾驶自动化分级》国家推荐标准（GB/T 40429—2021）（以下简称"自动驾驶分级国标"）。该标准将于 2022 年 3 月 1 日实施。自动驾驶分级国标有针对性地明确告诉大家，汽车驾驶自动化系统是有分级并逐步实现的，目前还没有可以实用、脱离驾驶员操控的完全自动化系统。自动驾驶分级国标结合实际，对驾驶自动化系统进行了清晰分级及定义，将驾驶自动化系统划分为 0 级（应急辅助）、1级（部分驾驶辅助）、2 级（组合驾驶辅助）、3 级（有条件自动驾驶）、4 级（高度自动驾驶）、5 级（完全自动驾驶）共 6 个等级，并有对应的标准及定义。其中，只有 5 级才是可以脱离驾驶员的完全自动驾驶。其次，针对国内外相关交通事故，突出强化安全理念和要求，明确说明了在各级别驾驶自动化中用户和车企担任的角色和责任。

2.3   智能机床

智能机床就是能够对制造过程做出自主决策的机床。智能机床通过各种传感器实时监测制造的整个过程，在知识库和专家系统的支持下，进行分析、判断、控制，修正在生产过程中出现的各类偏差。数控系统具有辅助编程、通信、人机对话，模拟刀具轨迹等功能。未来的智能机床都会成为工业互联网上的一个终端，具有与信息物理系统（CPS）联网的功能，能够对机床故障进行远距离诊断，并且能为生产的最优化提供方案，还能计算出所使用的切削刀具、主轴、轴承和导轨的剩余寿命，让使用者清楚其剩余使用时间和替换时间等。

不同类型的智能机床能够满足人们不同的需求，也就具有各自独特的功能，但从本质来说都具有如下特征。

1. 人机一体化

智能机床首先是人机一体化系统，它将人、计算机、机床有机结合，实现动态交付，形成一种平等共事、相互理解、相互协作的关系，保证各部分充分发挥各自的潜能。高素质的人将在这一过程中发挥更大的作用，机器智能和人的智能真正地集成在一起，互相配合，相得益彰，保证机床高效、优质和低耗地运行。

2. 感知能力

智能机床与数控机床的主要区别在于智能机床配有智能传感器，因而具有各种感知的能力，如力、温度、振动、声、能量、液、工件尺寸、机床部件位移的感知和身份识别等。这些传感器采集的信息是分析、决策、控制的依据。

3. 知识库和专家系统

为了智能决策和控制，智能机床还装载了大量的知识库和专家系统，如数控编程的知识库和专家系统、故障知识库和分析专家系统、误差智能补偿专家系统、3D 防碰撞控制算法、在线质量检测与控制算法、工艺参数决策知识、加工过程数控代码自动调整算法、震动检测与控制算法、刀具智能检测与使用算法、加工过程能效监测与节能运行系统等。

4. 智能执行能力

智能机床能够在智能感知、知识库和专家系统支持下进行智能决策，具备智能执行能力。决策指令通过控制模块，确定合适的控制方法，产生控制信息，通过 NC 控制器作用于加工过程，以达到最优控制，实现要求的加工任务。

5. 具有接入信息物理系统的能力

未来的装备都会成为信息物理系统（CPS）的一个终端，智能机床要具备接入工业互联网的能力，实现万物互联。在 CPS 环境下可以实现机床的远程监测、故障诊断、自修复、智能维修维护、机床运行状态的评估等，同时具有和其他机床、物流系统组成柔性制造系统的能力。

6. 辅助数控编程的能力

数控智能机床在执行加工之前，需要做一些技术准备。在工艺知识库和专家系统支持下，根据三维设计模型，自主规划工艺参数、确定控制逻辑、编制数控加工程序，在加工过程进行模拟仿真，修正数控程序，对刀具、夹具、工件进行动态管理等。

沈阳机床自主研发的 i5 智能数控机床，具有特征编程、图形诊断、机床实时监控、远程诊断、三维仿真、STEP 编程等智能化功能，能够更好地满足市场的发展需求，为用户提供个性化的解决方案。i5 实现了 5 大功能：Industry、Information、Internet、Integrate、Intelligent，即工业化、信息化、网络化、集成化、智能化的高度融合。

i5 数控平台如图 2.2 所示，它由控制系统（数控系统 CNC、PLC 和人机交互界面），HSHA 系列伺服驱动器和 I/O 设备三部分组成，采用开放、实时工业以太网控制自动化技术（Ethernet for Control Automation Technology，EtherCAT），在通信总线建立了数控系统与外部伺服驱动器，实现了 I/O 和操作面板之间的高速实时数据交换通信。

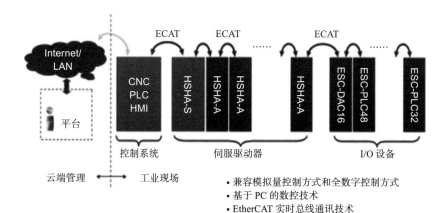

图 2.2　沈阳机床 i5 数控平台

2.4　智能机器人

智能机器人是智能产品的典型代表。智能机器人至少要具备以下三个要素：一是感知要素，用来认识周围环境状态；二是运动要素，对外界做出反应性动作；三是思考要素，根据感知要素所得到的信息，思考采用什么样的动作。人们通常把机器人划分为三代。第一代是可编程机器人，这种机器人一般可以根据操作人员所编的程序，完成一些简单的重复性操作。这一代机器人是从 20 世纪 60 年代后半叶开始投入使用的，目前在工业界已得到广泛应用。第二代是感知机器人，又叫作自适应机器人，它是在第一代机器人的基础上发展起来的，具有不同程度的感知周围环境的能力。第三代机器人具有识别、推理、规划和学习等智能机制，它可以把感知和行动智能化地结合起来，因此能在非特定的环境下作业，被称为智能机器人。智能机器人与工业机器人的根本区别在于，智能机器人具有感知、识别、判断及规划功能，因此机器的智能又可分为两个层次，一是具有感知、识别、理解和判断功能，二是具有总结经验和学习的功能。

智能机器人由于用途不同，系统结构和功能也千差万别，这里仅就工业应用的机器人的基本结构和智能特征做介绍。图 2.3 是智能机器人的基本构成。

1. 环境感知能力

智能机器人最显著的智能特征是对外和对内的感知能力。外部环境感知能力由外部感知系统实现，该系统由一系列外部传感器（包括视觉、听觉、触觉、接近觉、力觉和红外、超声及激光等）进行传感信息处理、实现控制与操作。这些传感器包括碰撞传感器、远红外传感器、光敏传感器、麦克风、光电编码器、热释电传感器、超声传感器、连续测距红外传感器、数字指南针、温度传感器等。内部感知系统由一系列用来检测机器人本身状态的传感器构成，可实时监测机器人各运动部件的各个坐标的位置、速度、加速度、压力和轨迹等，并监测各个部件的受力、平衡、温度等。

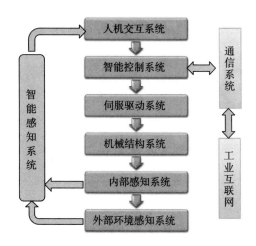

图 2.3　智能机器人的基本构成

　　由外部环境感知系统和内部感知系统获得的信息组成智能感知系统。该系统中使用的传感器种类和数量越来越多，每种传感器都有一定的使用条件和感知范围，并且又能给出环境或对象的部分或整个侧面的信息，为了有效地利用这些传感器信息，需要采用某种形式对传感器信息进行综合或融合处理，不同类型信息的多种形式的处理系统就是传感器融合。传感器的融合技术涉及神经网络、知识工程、模糊理论等在信息、检测和控制领域的新理论和新方法。

2. 控制能力

　　智能机器人的系统控制能力由智能控制系统实现，该系统的任务是根据机器人的作业指令程序以及从内外部传感器反馈回来的信号，经过知识库和专家系统辨识并应用不同的算法分析和决策，进而发出控制指令，支配机器人去完成规定的运动和功能。如果机器人不具备信息反馈特征，则该机器人的控制系统为开环控制系统，反之则为闭环控制系统。根据控制原理，控制系统又可分为程序控制系统、适应性控制系统和人工智能控制系统，而根据控制运动的形式，控制系统可分为点位控制系统和连续轨迹控制系统。

如何分析处理这些信息并做出正确的控制决策，需要专家系统的支持。专家系统解释从传感器采集到的数据，推导出机器人状态描述，从给定的状态推导并预测可能出现的结果，通过运行状态的评价，诊断出系统可能出现的故障。按照系统设计的目标和约束条件，规划设计出一系列的行动，监测所得的结果与计划的差异，提出维护系统正确运行的方法。人工智能系统与传统控制方法相结合，形成整个闭环控制过程，这需要大量的知识、规则、算法、模式识别等技术的支持。

3. 学习能力

随着对智能机器人的要求不断提高，机器人所面临的环境通常无法预知，非结构化环境成为主流。在动态多变的复杂环境中，机器人如果要完成复杂的任务，其学习能力就显得极为重要了。在这种情况下，机器人应当根据所面临的外部环境和任务通过学习不断地调节自身，在与环境交互的过程中抽取有用的信息，使之逐渐认识和适应环境。通过学习可以不断提高机器人的智能水平，使其能够应对一些意想不到的情况，从而弥补设计人员在设计过程中造成的可能存在的不足。因此，学习能力是机器人应该具备的重要能力之一，它为处于复杂多变环境下的机器人在环境理解规划与决策等方面提供了有效保障，从而改善整个机器人系统的运行效率。

4. 接入工业互联网的能力

智能机器人和所有智能产品一样，未来都要成为工业互联网的一个终端，因此智能机器人要具备接入工业互联网的能力。

用信息物理融合系统（CPS）的原理构建通信模块，对内与智能控制系统集成，采集机器人的所有运行状态；对外通过标准现场总线和以太网卡接入互联网，实现机器人之间，机器人与物流系统之间、其他应用系统之间的集成，实现物理世界与信息世界之间的集成。智能物联系统打破传统物理世界和信息系统的界限，将数据变成及时而有用的信息，让用户充分享用虚拟和现实世界的各种资源。

2.5 智能家电与智能家居

智能家电和智能家居是人工智能技术应用最活跃的领域，一批互联网公司凭借它们在通信、人工智能方面的研究成果，大举进军家电行业，传统家电巨头也毫不示弱，在智能家电和智能家居方面成绩卓著。从最简单的垃圾桶，到电视、冰箱、洗衣机、空调、净水机、空气净化器、扫地机器人、智能音箱等几乎无所不包。在智能家电基础上又发展出了智能家居。

2.5.1 智能家电

智能家电就是将微处理器、传感器技术、人工智能技术、计算机技术、网络通信技术融入家电产品，使家电产品具备灵敏感知、正确思维、准确判断和有效执行等功能。作为智能家居的组成部分，能够与住宅内其他家电和家居、设施互联组成系统，实现智能家居功能。

同传统的家用电器产品相比，智能家电具有以下五个特点。一是网络化功能。各种智能家电可以通过家庭局域网连接到一起，还可以通过家庭网关接口同制造商的服务站点相连，最终可以同互联网相连，实现信息的共享。二是智能化。智能家电可以根据周围环境的不同自动做出响应，不需要人为干预。例如智能空调可以根据不同的季节、气候及用户所在地域，自动调整其工作状态以达到最佳效果。三是开放性和兼容性。由于用户家庭的智能家电可能来自不同的厂商，智能家电平台必须具有开发性和兼容性。四是节能化。智能家电可以根据周围环境自动调整工作时间、工作状态，从而实现节能。五是易用性。由于复杂的控制操作流程已由内嵌在智能家电中的控制器解决，因此用户只需了解非常简单的操作。

下面列举几个具备智能化功能的家电产品：

❑ 智能冰箱是指能对冰箱进行智能化控制、对食品进行智能化管理的冰箱类型。它能够在一系列温度、湿度、氧气、人体体脂、图像识别等传感器的支持下，通过冰箱管理系统实现食材品种、数量、保鲜期、营养成分、适合人群的管理。同时，智能冰箱还能开展多项管理，如家庭健康管理，它可以通过 AI 技术主动识别家庭成员身份，关联体脂秤，检测更新家庭成员的健康数据，实时知晓健康状况；制定膳食管理计划，根据身体健康指标分析，制订一周营养膳食计划，根据计划和饮食偏好，量身定制私人菜谱。智能冰箱还能利用控氧保鲜技术将冰箱分割成多个空间，满足不同食品的保鲜要求，减缓食材氧化，让美味历久弥鲜。此外它还能进行食品采购提醒，通过网购自动下单。人们还能实现对智能冰箱的远程操控，真正做到家居互联。

❑ 智能洗衣机是能够将智能化与洗衣机自身功能融合在一起的交互式洗衣产品。智能洗衣机上一般搭载了 AI 摄像头，能在 $10\mu s$ 内识别衣物材质并匹配水量和清洗方式。它通过海量衣物信息数据库比对和神经网络算法判定衣物类型。例如，放进智能洗衣机的衣物如果是丝绸制的，那么它会用挤压水流清洗，如果是羊绒衫则会用贯穿水流，牛仔裤就用摔打水流，甚至不知道的材质都能放心交给它。另外，智能洗衣机内部的水雷达监控系统还会实时监控水质，清洗结束不会有化学残留。它还具有联网功能，通过手机 APP 可以对智能洗衣机进行全面的操作，随时随地掌握洗衣状态，提前启动或暂停洗衣程序，并能随时获知剩余洗衣时间，如果洗衣机出现异常、洗涤剂不足等情况手机会自动发送提示，给洗衣带来一种前所未有的崭新体验。

❑ 智能电视是采用人工智能芯片，能根据画面的不同对其色彩、对比度、清晰度及其场景进行识别和处理，带来身临其境的画质体验的电视产品。智能电视具备智能声效处理、声场定位、智能修正、声音偏好设置、音量突变保护等功能，还能借助人工智能语音系统，实现语音搜索、语音交互式操作、获取互联网服务。此外，还能通过智能电视实现智能互联，使手机、电脑、智能家电产品互联互通，让智能电视成为智能家居的控制终端。

2.5.2　智能家居

智能家居通过物联网技术将家中的智能家电诸如布线系统、照明系统、安防系统、智能空调、音视频设备、网络家电以及三表抄送等连接到一起，提供家电控制、照明控制、电话控制、遥控控制、防盗报警、环境监测、暖通控制、红外转发以及定时控制等多种功能。与普通家居相比，智能家居不仅具有传统的居住功能，同时兼备建筑、网络通信、信息家电、设备自动化的现代化功能，营造集系统、结构、服务、管理为一体的高效、舒适、安全、便利、环保的居住环境，提供全方位的信息交互，帮助家庭与外部保持信息交流畅通，优化人们的生活方式，帮助人们有效安排时间，增强家居生活的舒适性和安全性。

1. 布线系统

一个智能住宅需要有一个能支持语音、数据、多媒体、家庭自动化、保安等多种应用的布线系统，这个系统也就是智能化住宅布线系统。新购置的家电基本上都有无线互联的功能，可以通过家里的 Wi-Fi 实现无线互联。

2. 安防系统

家庭安防系统包括如下几个方面的内容：视频监控、对讲系统、门禁一卡通、紧急求助、烟雾检测报警、燃气泄漏报警、玻璃破碎探测报警、红外双鉴探测报警等。发生报警时能自动拨打电话，并联动相关电器做报警处理。

3. 遥控控制

在遥控控制的环境下可以使用遥控器来控制家中灯光，热水器，电动窗帘，饮水机，空调等设备的开启和关闭。例如通过遥控器的显示屏可以在一楼查询并显示出二楼灯光电器的开启关闭状态。同时遥控器还可以控制家中的红外电器，诸如电视、DVD、音响等。

4. 电话控制

电话控制具备高加密多功能语音电话远程控制的功能，当出差或在外办事，可以通过手机或固定电话来控制家中的空调和窗帘以及灯光电器，还能通过手机或固定电话知道家中电路是否正常，了解各种家用电器的工作状态，还可以得知室内的空气质量，控制窗户和紫外线杀菌装置，此外根据天气情况适当地调节温度和湿度。主人不在家时，也可以通过手机或固定电话来给花草浇水、投喂宠物等。更为便捷的是电话还能控制卧室的柜橱，对衣物、鞋子、被褥等进行杀菌和晾晒。

5. 定时控制

人们可以提前设定某些产品的自动开启和关闭时间，如电热水器在每天晚上某一时段自动开启加热，某一时段自动断电关闭，保证在享受热水洗浴的同时，也能够节约能源，带来一种舒适的体验。

6. 音视频共享

家庭影音控制系统包括家庭影视交换中心（视频共享）和背景音乐系统（音频共享），是家庭娱乐的多媒体平台，它运用先进的微电脑技术、无线遥控技术和红外遥控技术，在程序指令的精确控制下，根据用户的需要把机顶盒、卫星接收机、DVD、计算机、影音服务器、高清播放器等多路信号源发送到每一个房间的电视机或音响等终端设备上，实现一机共享客厅的多种视听设备的功能。

今天，发展智能产品已经成为打造企业核心竞争力的不二选择，如何发展智能产品，作者提出如下建议：

❑ 首先一定要把发展智能产品作为企业的发展战略来抓，这是决定企业生死存亡的大事。

❑ 其次重视智能产品的多元开发。简单的产品对智能化的要求会很简单，例如一个垃圾桶只要实现用手势自动开盖、自动关盖、自动放置垃圾袋、自动封闭垃圾袋就能称之为智能垃圾桶。不要因小、因简而不为之。复杂的产品像无人驾驶汽车、无人飞机、具有认知智能的机器人等也需要攻克。所以无论简单或复杂，智能产品都有着广阔的应用前景，有着庞大的市场需求，这就是企业的出发点和落脚点。

☐ 最后充分采用成熟技术。人工智能技术是一项非常复杂的技术，专业的人工智能公司已经研发出了许多成熟的技术或产品，如图形识别、语音识别、人工智能算法、人工智能芯片等。对于初涉智能产品的企业来说一定要充分采用成熟技术，站在巨人的肩膀上进行技术开发和产品创新，才能够更好地实现节约资源、高效生产的发展目标。

人工智能技术在研发设计中的应用

　　研发设计是企业的灵魂，是进行产品创新和技术创新的主体，在当下建设一个先进、完善、智能的研发设计系统，将人工智能技术应用于产品研发设计过程，可以极大提高产品研发创新水平，缩短产品研发设计周期，另外，还可以提高研发效率，为产品在生产制造、售后服务整个生命周期中数字化、智能化打下良好基础。

3.1　智能研发设计的目标

　　随着计算机技术和软件技术的发展，研发设计发生了以下转变。第一在研发理念上，从基于个人经验的设计向基于知识库和专家系统的知识共享的方向转变；第二在研发主体上，企业的研发设计将从依托企业内部研发部门为主向多主体演进，向"双创"和协同设计转变；第三在研发手段上，从三维建模两维出图向全三维基于模型定义的设计转变；第四在研发方式上，企业研发设计从以物理试验为手段向数字孪生演变；第五在研发流程上，企业的研发设计流程从串行方式向并行方式演进。在如此剧烈的转变背景下，智能研发设计有如下 8 个目标。

1. 实现基于数字孪生的产品研发设计

数字孪生（Digital Twin）以数字化的方式建立多维、多时空尺度、多学科、多物理量的动态虚拟模型来仿真和刻画物理实体在真实环境中的属性、行为、规则等，通过模拟仿真、修改迭代，部分或全部取代实物样机的制造，最大限度地缩短产品研发周期，提高设计质量。

2. 建立设计知识库、模型库、专家系统

将大量的设计标准、规范、模型、标准零部件库、外购配套件库、研究报告、设计计算书等显性和隐性知识进行收集、分类、检索和管理，做到个人知识公司化，公司知识共享化。建设专家系统，通过若干规则、算法模型、知识推理，实现设计知识库的有效利用，从而提高设计效率和设计质量。

3. 实现基于模型的工艺设计

充分应用数据孪生的模型，进行适当转换和信息添加，建立工艺衍生模型，形成用于制造的工艺设计文件、零部件加工和装配等生产活动的模型。

4. 建立工艺知识库和专家系统

建立典型零件工艺路线库、工艺参数库、切削数据库、工装库及设备资源库等工艺知识库，应用知识推理技术，实现工艺路线、工艺卡片、工

艺文件、数控程序的自动半自动生成。

5. 根据业务需求，适时开展协同设计

在协同平台和一系列设计标准的支持下，实现跨地域、跨组织的协同设计。当供应商、客户都参与到设计之中时，就能更好地满足客户需求，供应商也能对客户需求做出快速响应。

6. 开展大众创业、万众创新的活动

企业能够在智能设计系统的基础上建立双创平台，调动企业全体员工的积极性，挖掘更多的社会资源，激励员工更加积极地参与创新产品、新工艺、新技术研发和创新中来。

7. 推行集成产品开发设计管理流程

在产品开发的过程中，要将集成产品开发（IPD）设计管理流程作为一项投资进行管理，产品开发一定要基于最新的市场需求，充分注重零件的可重用性实施并行设计，以结构化的开发流程实现跨部门的协同。

8. 实现系统集成

在基于数字孪生设计的环境下，实现 CAD/CAE/CAPP/CAM/PLM/AR系统的集成。同时实现研发设计系统与企业资源计划系统、制造执行系统的集成，促进设计制造一体化。

3.2 基于数字孪生的产品研发设计

基于数字孪生的产品设计是复杂机电产品设计的必由之路，是建立产品全生命周期数字孪生，迭代优化的基础。数字孪生技术已逐步成为设备

供应商、数字化生产线、数字化工厂供应商在项目竞标和产品交付物方面的重要组成部分。下面就何为数字孪生、基于数字孪生的产品设计、技术支持体系进行阐述。

3.2.1　数字孪生的定义

数字孪生的概念最初于 2003 年由迈克尔·格里夫斯（Michael Grieves）教授在美国密歇根大学产品生命周期管理课程上提出，早期主要被应用在军工及航空航天领域。如美国空军研究实验室、美国国家航空航天局（NASA）基于数字孪生开展了飞行器健康管控应用，美国洛克希德·马丁公司将数字孪生引入到 F-35 战斗机生产过程中，用于改进工艺流程，提高生产效率与质量。

正如前文所说，数字孪生以数字化的方式建立动态虚拟模型，通俗来讲是指通过数字化的手段在数字世界中构建一个与物理世界一模一样的实体，以此来实现对物理实体的了解、分析和优化。

由于数字孪生具备虚实融合与实时交互、迭代运行与优化，以及全要素／全流程／全业务场景的数据驱动等特点，目前已被应用到产品生命周期各个阶段，包括产品设计、制造、服务与运维等[○]。

3.2.2　产品数字孪生的概念

产品的数字孪生是由产品物理实体在虚拟环境中多维建模而来，是一个集成的多物理、多尺度、超写实、动态概率的仿真模型。它能够借助数据模拟产品实体在物理世界中的行为和状态，在虚拟环境中构建产品物理

○　陶飞等，数字孪生五维模型及十大领域应用 [J]. 计算机集成制造系统，2019，25（1）.

实体全要素的数字化映射，通过虚实交互反馈、数据融合分析、决策迭代优化等手段来模拟、监控、诊断、预测、控制产品实体的形成过程、状态和行为，其遵循的原则就是虚实融合，以虚控实。产品数字孪生面向产品全生命周期过程，通过不断完善自身模型信息的完整度和精度，最终实现对产品实体全面而精确的描述，为产品创新和优化迭代提供支持⊖。产品的数字孪生是车间数字孪生、运维数字孪生的基础。

3.2.3 产品数字孪生的特征

产品数字孪生具有以下特征：

☐ 第一，虚拟的和超写实。产品的数字孪生，是产品物理实体在虚拟空间的信息模型，是在软件环境中全方位的精确映射。

☐ 第二，可视化和闭环迭代优化。产品数字孪生可以在虚拟软件环境中实现产品几何、物理、行为、状态等特征的高度可视化，并通过物理传感、增强现实、虚拟现实技术进行模拟仿真，实现虚实迭代、循环优化。产品加工装配完成后，实际制造数据返回设计数字孪生体后，才完成了基于数字孪生的复杂产品设计。它实现了设计与制造的一体化协同，在设计与制造两个阶段之间形成紧密的闭环回路，最终实现迭代优化。

☐ 第三，唯一性和动态性。产品数字孪生贯彻于产品全生命周期过程，其特性、行为、状态是动态且唯一的，一个物理产品对应唯一的数字孪生产品，它是一种面向客户大规模个性化需求的设计方法，可以向用户提交独一无二的单件实例产品，它们相互映射、共同进化、同步完善。

⊖ 陶飞等，数字孪生五维模型及十大领域应用 [J]. 计算机集成制造系统，2019，25（1）.

❑ 第四，多物理和多维度。产品数字孪生不仅描述产品物理实体的几何特征（形状、尺寸等）和物理特征（材料、温度、强度、硬度等），还要描述行为特征（速度、位移等）和状态特征（变形、疲劳、磨损等）。

❑ 第五，多层次和可集成。产品数字孪生模型由原材料元器件、零件、部件、子系统、系统、整机等若干层级的数字孪生模型组成，对于生产线和工厂也是一样，这样有利于产品模型和数据的层次化、精细化存储和管理。产品数字孪生模型是多种几何模型、物理模型等多层次、多维度的集成模型，有利于生产规划、工程调试、运行服务阶段的快速仿真、虚拟调试和系统集成。

❑ 第六，多学科和可计算。产品数字孪生涉及机械、电气、自动化、电子、物理、计算、信息化等多学科的交叉融合，同时又可以通过仿真、概率统计、数学计算、大数据分析等实时模拟和反映物理产品的行为和状态。

3.2.4　基于数字孪生的产品研发设计系统

基于数字孪生的产品研发设计系统由研发设计系统、虚拟产品、物理产品、孪生数据处理系统和它们之间的联系组成，如图 3.1 所示。

1. 研发设计系统

正如罗马不是一天建成的，一个复杂机电产品从原材料元器件建模、零部件建模，到子系统、系统乃至整个产品的建模，是一个浩瀚的系统工程，也绝非短时间内可以完成。因此必须充分运用原有的一系列符合数字孪生技术要求的研发设计软件，进行补充和提升，而不是应用新的建模语言，重构所有上述模型。

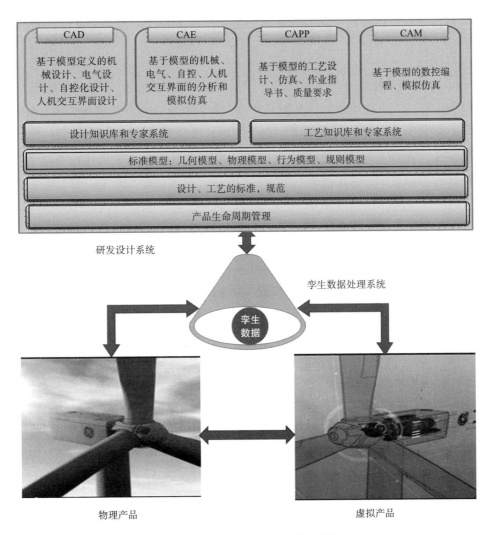

图 3.1   基于数字孪生的产品研发设计系统

所以作者认为基于数字孪生的产品设计系统是应用基于模型定义的机械设计（MCAD）、电气设计（ECAD）、自控化设计（Automation Design）、人机交互界面（HMI）设计等一系列 CAD 建模设计软件完成多层次（原材料元器件、零部件、子系统、系统、整个产品）的几何建模、物理建模、行为建模和规则建模，进而完成产品的初步设计和详细设计的系统。此外它还能在基于模型的机械、电气、自控、人机交互界面的分析和模拟仿真软件 CAE 的支持下完成设计阶段的模拟仿真和优化迭代。同时在基于模型的工艺设计、工艺仿真软件 CAPP 和基于模型的数控编程和仿真系统 CAM 等一系列研发设计软件支持下，充分使用标准模型库、设计知识库、工艺知识库，在产品生命周期管理（PLM）系统的集成环境下构建出全要素、多维度的数字化虚拟样机。

2. 孪生数据处理系统

孪生数据处理系统对物理产品数字和虚拟产品数字进行管理，并通过多学科协同仿真平台和 3R（虚拟现实（VR）、增强现实（AR）、混合现实（MR））技术将虚拟产品真实生动地展现在人类眼前，实现物理产品与虚拟产品的信息交换。

3. 虚拟产品

虚拟产品包括几何模型、物理模型、行为模型和规则模型，这些模型能从多时间尺度、多空间尺度对物理产品进行描述与刻画。在多学科协同仿真平台支持下通过对上述 4 类模型进行组装、集成与融合，创建对应物理产品的完整虚拟产品。同时通过模型校核、验证和确认，验证虚拟产品与物理产品的一致性、准确度、灵敏度等，保证虚拟产品能真实映射物理产品。此外，可使用 3R 技术实现虚拟产品与物理虚实叠加及融合显示，增强虚拟的沉浸性、真实性及交互性。

虚拟产品数据主要包括几何模型相关数据，如几何尺寸、装配关系、位置等；物理模型数据包括材料属性、载荷、特征等；行为模型相关数据包括驱动因素、环境扰动、运行机制等；规则模型相关数据包括约束、规则、关联关系等。虚拟产品数据还包括基于上述模型开展的过程仿真、行为仿真、过程验证、评估、分析、预测等的仿真数据，如算法、模型、数据处理方法等与服务相关的数据，专家知识、行业标准、规则约束、推理推论、常用算法库与模型库等数据，进行数据转换、预处理、分类、关联、集成、融合等相关处理后得到的衍生数据，以及通过融合物理实况数据与多时空关联数据、历史统计数据、专家知识等信息数据得到信息物理融合数据等。

4. 物理产品

物理产品包括规格、功能、性能、关系等物理要素属性，产品的单元级、子系统级、系统级的要素，以及传感器、执行器、伺服驱动、自控系统的功能性能。产品生产测试实验数据是指通过传感器、嵌入式系统、数据采集卡等获取产品的实时运行状况、性能、环境参数、突发扰动等动态过程数据。

样机试制完成后，实际制造数据返回设计数字孪生体后，才算完成基于数字孪生的复杂产品设计。它实现了设计与制造的一体化协同，在设计与制造阶段之间形成紧密闭环回路，实现迭代优化。

3.2.5 基于数字孪生的产品研发设计的关键技术

基于数字孪生的产品研发设计的关键技术是产品的建模技术和仿真技术。

1. 基于模型定义的设计

在基于数字孪生的产品设计中，工作量最大的是产品的几何建模、物理建模、行为建模和规则建模。基于模型定义的设计（Model Based Definition，MBD）是数字孪生产品建模最好的工具。它用集成的三维模型完整地表达了产品的几何模型、物理模型和行为模型和规则模型，将设计信息和制造信息一同定义到产品的三维数字化模型中，改变目前三维模型和两维工程图共存的局面，更好地保证产品定义数据的唯一性。

MBD数据集提供完整的产品信息，集成了以前分散在三维模型与二维工程图中的所有设计信息、制造信息、工程分析数据、测试需求（见图3.2）。零件的MBD数据集包括实体几何模型、零件坐标系统、尺寸、公差和标注、工程说明、材料需求及其他相关定义数据。装配件的数据集包括装配状态的实体几何模型、尺寸、公差和标注、工程说明、零件表或相关数据、关联的几何文件和材料要求。其中，工程说明由标准注释、零件注释、标注说明组成。

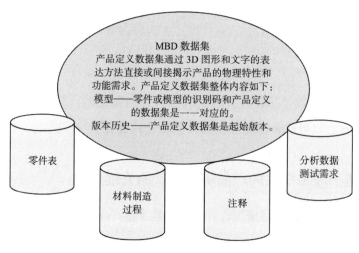

图3.2　MBD数据集的内容

如图3.2所示，MBD数据集由分析数据、零件表、测试需求、材料制造过程、注释组成，但不限于这些数据。相关数据将在数据集中引用。如图3.3所示，MBD数据集中模型的内容包括实体模型、注释、尺寸公差等。

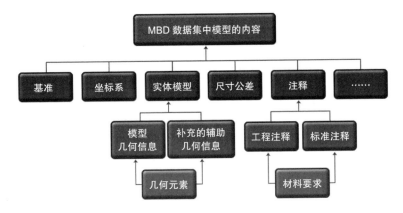

图 3.3　MBD 数据集中模型的内容

图 3.4 是美国机械工程师协会（ASME）联合波音公司于 2003 年制订的"数字化产品定义数据规程"（Digital Product Definition Data Practices）ASME Y14.41-2003 标准中的一个 MBD 设计的实例。

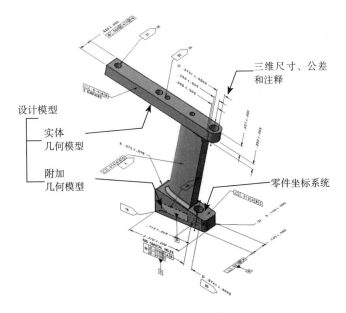

图 3.4　MBD 三维图形的实例

图 3.4 中标示出实体几何模型、零件坐标系统（Part Coordinate System，PCS）、三维尺寸、公差和注释等。目前，大多数产品仍然采用"三维设计＋二维生产"的混合模式进行设计和生产，这种 2D+3D 的定义模式，是一种伪单一数据源，它们互为补充，从不同的方面描述产品。比如三维模型主要用来精确地描述产品的形状，而二维工程图则用来表示制造精度、质量要求和检验依据等。按照这种模式，设计人员除了建立三维模型外，还需要花大量时间和精力把三维模型转化为二维图样，提交给制造厂使用，这样不仅增加了工作量，还难以保证数据的唯一性。当出现工程更改时，不能完全避免只更改其中一个，而忽略了另一个的情况，由此造成数据之间的不协调，导致产品出现质量问题甚至报废。因此 MBD 的意义在于：

1）实现真正的单一数据源，保证设计数据的唯一性。

2）消除双源数据之间的不协调。

3）方便数据管理，提高数据安全性。

4）当制造工程师使用 3D 模型时，将大大减少物理样机的制造。

5）3D 工具、标准件库及专家系统的应用将缩短 30% ~ 50% 的产品开发周期。

6）MBD 的设计为工艺设计、工装设计、制造、检验、服务提供了方便准确且唯一的数据源。

波音公司要求波音 787 飞机全球合作伙伴采用 MBD 模型作为整个飞机制造过程中的唯一依据。该技术将三维制造信息（3D Product Manufacturing Information，PMI）与三维设计信息共同定义到产品的三维数字化模型中，使产品在加工、装配、测量、检验等环节实现高度集成，数字化技术的应用有了新的跨越式发展。图 3.5 是波音公司全球协同环境（GCE）的系统框架。

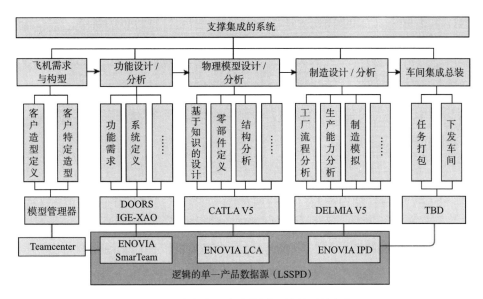

图 3.5　波音公司全球协同环境的系统框架

2. 多学科协同仿真平台

在传统的产品研发设计过程中，需要经过概念设计、初步设计、详细设计、样机试制、试验、修正设计、再试验、再修正这样循环往复的过程直到满足产品要求，这会耗费大量时间。过去一架飞机的试制过程需要 15年，而借助 CAE，在研发波音 787 客机时，只用了不到 6 年的时间。CAE技术是产品创新设计的重要手段，主要指用计算机及其相关的软件工具对工程、设备及产品进行功能、性能与安全可靠性的分析计算、校核和量化评价。同时还能在给定工况下进行模拟仿真和运行行为预测。如果发现设计缺陷，CAE 还能协助改进和优化设计方案，并验证未来工程、设备及产品的功能和性能的可用性和可靠性。由此可见 CAE 分析计算与仿真分析大大缩短了实验修正的时间。

在一个复杂机械设备系统的研发、设计、性能评价和故障分析过程中，

CAE 起着独一无二的作用，它可以在零件、部件、子系统、系统及整机多个层面进行计算与分析和模拟仿真。CAE 已经成为现代工程师设计的主要手段和工具。CAE 一般具有以下功能：

1）应用数学模型，借助计算机分析计算，确保产品设计的合理性和设计指标的准确性。

2）采用各种优化技术，在可行域中找出产品设计最佳方案。

3）CAE 所创建的虚拟样机，能预测产品在整个使用周期内的可靠性，甚至包括产品与产品、产品与环境之间的相容性。

4）模拟各种试验方案，减少试验次数和时间，缩短设计周期，降低开发成本。

5）在产品制造或工程施工前发现潜在的问题。

6）进行工程或设备事故分析，查找事故原因。

7）真正提高设计者的知识技能。

目前国际上先进的 CAE 软件，已经可以对工程、设备产品及某些制造工艺过程进行性能分析、预报及运行行为模拟，如：

❑ 耐持久性分析：包括强度分析、刚度分析、稳定性分析、疲劳分析、断裂分析、损伤分析、弹性及塑性接触问题分析等。

❑ 振动与噪声分析：包括固有模态分析、工作模态分析、模态参与因子（MPF）分析、频响特性分析、传递函数分析、谱分析、时域特性分析、动应力分析、屈曲动力特性分析、声压及分布分析、声波传递分析、声源重构分析等。

❑ 一般动力学分析：包括多体刚体动力学分析、轨迹分析、运动及动力参数设计与优化等。

❑ 碰撞性能及安全性分析：包括运载系统正撞分析、侧撞分析、后撞（追尾）分析等。

❑ 计算流体动力学：包括常规的管内和外场的层流与端流分析、多相流分析、流体及质量传导分析、紊流/湍流分析、流/热耦合分析、流/固耦合分析等。

❑ 热分析：包括热传导分析、温度分析、膨胀分析、热应力分析，对流和辐射状态下的热分析、相变分析、热结构耦合分析等。

❑ 成型制造过程仿真与模具设计：包括冲压、铸造、锻造、轧钢过程等；厚度变化及分布、应变变化及分布、FLD 分析，以及成型过程和模具设计优化等。

❑ 电磁场和电磁元器件的设计与优化：包括传感器、驱动器、电动机、电磁阀、变压器、电感电抗器等的设计优化，以及电磁场分析、电流及电压行为分析、压电行为分析和电磁—结构耦合分析等。

从数学和力学的观点来看，目前优秀的大型通用 CAE 软件能解决的问题包括线性、拟线性、非线性、弹性、塑性，弹塑性、黏弹/黏塑性以及各种耦合和综合问题。

CAE 具有如此强大的功能，但是在我国应用还不普遍。在国防、军工、汽车行业应用较多，重型机械的一些关重件会局部应用 CAE，一般的机械产品、技术引进的产品基本不做分析计算和模拟仿真。

传统的 CAE 工作流程往往是设计工程师根据经验，用 CAD 进行产品设计，将设计模型交给分析工程师进行 CAE 分析计算。分析工程师要根据设计工程师的 CAD 模型，在 CAE 的前处理器中建立 CAE 模型，进行网格划分，输入原模型的特征参数、材料、制造等信息。现代 CAE 有三个主要发展方向。

1）基于模型的设计分析。这是新一代的分析方法，它要求所有的 CAE 分析都是完全基于设计模型，即分析模型与设计模型完全一致并进行关联。设计模型的信息全部被带入 CAE 的分析之中，如果对设计模型进行修改和变更，分析模型可以自动捕捉到设计的变化，进而自动更新分析模型。它颠覆了传统 CAE 的工作流程，大大地节约了 CAE 的建模时间，提高了模型的精度和分析的准确度。

2）设计师参与设计分析。设计师在有想法的同时，采用基于模型的 CAE 分析，进行一些初步分析，验证自己设计的可行性，从而在 CAD 设计阶段就能够利用 CAE 的能力，这也是此类工具的应用趋势之一。CAE 不单纯是 CAD 的后端分析过程，同时也应该是 CAD 的前端，这样可以用仿真去驱动设计。当然一些复杂的设计验证还要专业的 CAE 工程师来进行分析，如整机或大系统的结构分析、非线性分析、振动分析、空气动力学分析、流体分析等。

另一方面，CAE 实际上是对真实物理环境的仿真，利用 CAE 环境，用户可以进行各种虚拟的试验，然后再将分析结果体现在 CAD 设计中，从而省去了实物试验的高昂代价。

3）多学科协同分析。站在数字孪生的高度，复杂机电产品的工程分析和模拟仿真是多学科协同仿真，涉及多学科上百个不同专业的 CAE 软件，因此需要多部门、多岗位协同工作。但这个方面也存在以下问题：一是产品研发过程中主要依靠沟通会、协调会、任务协调单等方式进行，协同效率较低，研发过程难以实时监控；二是产品设计仿真需要借助大量商业工具软件及企业自主研发的计算程序，但目前这些工具之间主要依靠手工方式进行数据处理与传递，多轮迭代分析效率较低；三是目前 PLM 系统主要以设计仿真结果数据管理为主，设计仿真过程数据大都存储于个人计算机之中，容易造成多版本数据引用错误，研发问题难以快速准确定位，难以实现基于数据支撑的多部门、多专业、多人员、多工具快速协同设计仿真；四是随着研发人员新老更替，大量优秀的产品设计仿真经验与知识得不到有效的梳理、固化与传承，研发知识流失严重。

基于以上问题，迫切需要借助信息化手段，实现对仿真任务、仿真流程、数据及知识的规范化管理及协同应用，以提升工作效率与管理水平。下面以某航天研究所开发的多学科协同设计仿真平台[⊖]为例，说明搭建协同设计仿真平台是如何提高工作效率和工作质量的，如图 3.6 所示。

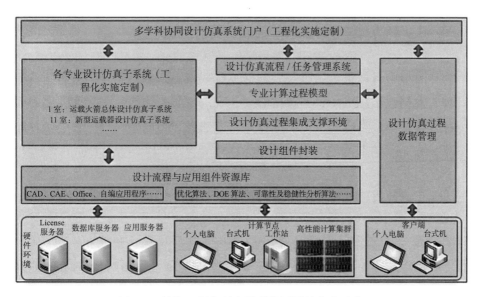

图 3.6　某航天研究所多学科协同设计仿真平台

⊖　http://www.360doc.com/content/7319/0123/15/36876524_810820825.shtml.

多学科协同设计仿真平台的主要模块功能如下所示。

（1）门户模块

它基于 Web 的协同设计仿真用户界面和统一的功能入口，提供客户化的定制和多语言的支持，通过多视窗的浏览方式方便工程师进行系统各功能模块的快速调用，以及设计仿真过程监控和研发结果的动态显示。

（2）设计仿真流程／任务管理系统模块

它实现流程定义与执行、团队协作、应用集成等功能，简化了研发工程师团队之间的通信流程，减少了管理任务，提高了研发效率，为领导层对项目的管理和监控提供了工具。

（3）设计仿真过程数据管理模块

它实现了数据定义、研发过程数据自动记录、源数据管理、网络文件管理、数据应用集成、数据版本管理、视图定义等功能，可全面存储和管理计算过程中的各类数据，保障该所研发活动数据的唯一性，有效进行技术状态管理。

（4）设计仿真过程集成支撑环境模块

它实现了多学科工具的协同工作与优化计算，并能够对研发活动中涉及的各类应用模型、软硬件资源进行管理和共享，实现分布计算和集成高性能计算。

（5）设计流程与应用组件资源库模块

它实现对各种已封装和已定制的仿真流程和应用组件统一的管理与共

享，并通过设置不同的权限等级控制其他人员对资源库的访问。

（6）设计组件封装模块

提供各类软件调用接口和参数解析工具，封装各种应用程序或自编算法，形成专业化的应用组件，用于创建优化计算、试验设计、人机交互等组件，并可以根据需要开发新的应用组件。

3.2.6　对数字孪生产品研发设计的几点思考

数字孪生技术是智能制造的发展方向，无论是产品设计、经营管理、生产制造还是运维服务的数字孪生都是努力的方向。但是需要思考以下 3 个问题。

1. 目标不可太高

按照数字孪生的定义，对复杂机电产品而言，要做到物理产品与虚拟产品 100% 的虚实映射、动态反馈和迭代优化是非常困难的。一是主要功能或性能具有 70% ~ 80% 的相似度也是数字孪生；二是通过传感器、物联网将机器运行数据反馈到虚拟产品，进行迭代优化是可取的，但是要向物理产品下达执行指令却是危险的。

2. 使用成熟的技术和知识

复杂机电产品从外购件、零件、部件、子系统、系统到整机的建模和仿真是非常复杂的，要使用大量的软件工具，沉淀大量的模型和分析数据。因此要善于使用符合数字孪生要求的软件和平台技术、运用前人积累的大量模型和知识，而不是另搞一套，用完全陌生的建模语言从头再来。

3. 为企业发展战略服务

企业开展智能制造、数字孪生的目的是提高企业的核心竞争力，数字孪生也要为提高企业的效率、质量、成本服务。工程师要针对不同的产品、不同的制造环境、不同的运维需求来制定数字孪生的目标，盲目追求高大上的体验经济、可视化未必合适。

3.3　基于 PLM 的知识管理

在信息技术、人工智能技术快速融入产品创新设计，客户个性化定制需求越来越高的今天，产品研发设计的工作量越来越大。然而产品研发设计是一个知识密集型的创新工程，它需要遵守国家、行业、企业的一系列标准，运用企业多年积淀的大量设计知识。据统计有大约 70% 的设计工作量为用户化的变型设计，这部分设计中又有 90% 的设计工作要依赖于企业成熟的设计成果和海量的设计知识，即使是 30% 的新产品设计工作中也有大约 60% 以上的工作基于以往的设计成果、经验和知识。所以在研发设计中过往的设计成果、经验和知识的管理非常重要。

为了对知识进行有效的管理，多年来国内外学者已在知识获取、分类、表示、检索等方面进行了大量有益的研究，建设独立的设计知识管理系统成为各方关注的热点，如研究面向产品设计过程的知识流程建模，基于设计知识的专家系统等。其中设计知识具有分散性、相关性、流动性的特征。

首先设计知识分散在市场需求、产品设计、工艺设计、生产制造、运维服务整个产品生命周期。其次设计知识的相关性很强，设计知识和对象所指的项目、产品、部件、零件、子系统、系统密切相关，在时空上设计知识和初步设计、详细设计、生产制造、运维服务也具有相关性。不像搜索引擎面对汪洋大海无序的数据，永远不知道下一个搜索的关键词是什么。再次设计知识具有层次性，即体现在设计过程的层次性上，如概念设计、初步设计、详细设计，同时也体现在产品结构的层次性上，如产品、部件、零件、子系统、系统。最后设计知识具有动态性，随着设计的优化迭代、实验验证、运维服务，知识也在不断更新。

从设计知识的特征可见，它和一般意义上的知识管理对象不同，它的管理对象明确，对象之间关系清晰且层次分明。产品生命周期管理（PLM）系统和主数据管理（MDM）系统完全可以承担设计知识管理的重任，所以设计知识的管理没有必要用一般意义的知识管理方法。

3.3.1　PLM 的功能

产品生命周期管理（PLM）是指从产品的需求开始，到产品淘汰报废的全部生命历程的项目、流程、数据的管理。它实现了 CAD、CAE、CAPP、CAM 系统的集成，并将管理范畴扩大到包括产品策划、设计、工艺准备、生产制造、售后服务、回收再利用在内的整个生命周期的电子文档管理。PLM 的主要功能如下所示。

1. 产品数据管理

产品数据管理（PDM）保存了产品定义的所有信息，起着中心数据仓库的作用，管理着概念设计、物料定义、初步设计、详细设计、工艺设计、物料清单等所有信息。

2. 协同产品设计

协同产品设计（CPD）让设计工程师和工艺工程师使用 CAD/CAE/

CAPP/CAM 软件以及所有与这些系统配合使用的补充性软件，多部门、多地区、多组织以协同的方式一起研发产品，共享设计资源和数据。

3. 产品配置管理

产品配置管理是以物料清单（BOM）为中心，以系列化、模块化、标准化为基础，以专家系统为工具，最终实现客户个性化定制的快捷设计（在 3.4 节详细论述）。

4. 客户需求管理

客户需求管理能够获取市场销售数据、客户需求数据、市场反馈意见等信息，并掌握从产品运维服务中得到的故障信息、维修信息和成功案例，从而为产品改进和创新设计提供支持。

如果能够按照上述 PLM 系统的功能实施，设计知识的管理问题就已经解决了，但是事实并非如此。大部分企业虽然实施了 PLM，但是只停留在产品数据管理的部分，停留在要求硬性交付的图纸、工艺、质检、物料清单上。这些硬性交付物背后的调研、分析、模型、设计计算、模拟仿真、制造使用中存在的问题、整改情况等没有完整记录，大量设计知识因此流失。这就是要深化 PLM 应用，完善设计知识管理的原因。

3.3.2 深化 PLM 和 MDM 的应用

基于设计知识的特征分析和 PLM 的功能分析，深化 PLM 和主数据管理（MDM）的应用，以此实现设计知识的管理和重用就十分必要。为实现这个目标，可以使用 MDM、Bom、基于 PLM/MDM 的设计知识管理方法。

1. MDM

主数据管理（MDM）是指管理满足跨部门业务协同需要的、反映核心业务实体状态属性的企业（组织机构）基础信息。主数据是数据之源，是数据资产管理的核心，是信息系统互联互通的基础。尤其是主数据中的产品主数据是联系项目、产品、部件、零件、外购件、子系统、系统的几何模型、物理模型、行为模型和规则模型的纽带，是某一设计对象相关设计知识的索引；客户主数据是以客户维度采集的市场需求信息、产品运维信息；资源主数据是以资源维度收集的制造资源、人力资源信息；财务主数据是以财务维度获得的销售、成本数据，能够为产品的成本设计提供知识。所以企业的主数据管理是企业知识管理（特别是设计知识管理）的有力支撑。MDM 的意义之一是建立企业基础数据共享"语言"，打破各系统信息的交互壁垒，将产品主数据、客户主数据、资源主数据、财务主数据等重要基础数据在多个系统内充分共享、高度复用；意义之二是通过制定主数据标准，在系统建设中规范使用数据标准，进而为业务数据的提取和分析提供基础条件，而主数据建设将为企业在数据应用与管理方面奠定基础。

2. BOM

物料清单（BOM）是以数据格式来描述产品结构的文件，是计算机可以识别的产品结构数据文件，也是 ERP 的主导文件。BOM 是计算机识别物料的基础依据、是产品配置管理的主要工具、是编制计划的依据、是配套和领料的依据、是进行物料和加工过程的跟踪工具、是采购和外协的依据。同时可以根据它进行成本的计算，作为报价参考。总而言之它能够使设计系列化，标准化，通用化。根据用途不同又可分为设计 BOM、制造 BOM、成本 BOM 等。

3. 基于 PLM/MDM 的设计知识管理

如前文所述，设计知识分布在产品整个生命周期，不同阶段需要不同的知识。概念设计阶段的知识包括市场调研报告、客户需求、成功案例、失败案例、竞争对手分析、产品故障和维修记录等。详细设计阶段的知识包括设计标准与规范，即产品研发中需要遵循的约定和要求，如国家标准、行业标准、企业标准。从基于数字孪生的产品设计高度看，企业要在产品实现系列化、模块化、标准化的基础上，在一系列 CAD 建模设计软件的支持下完成从标准原材料、标准元器件、标准零部件、标准子系统、标准系统、标准产品多层次的几何建模、物理建模、行为建模和规则建模，从而构建产品设计标准模型库。除 CAD 建模相关的知识外，企业还需要 CAE 的相关知识，包括机械、电子、自控、人机交互界面等典型的 CAE 分析流程、算法模型、分析规范模块，多学科、多物理场的求解器（如结构分析、运动分析、流体分析、温度场分析、震动分析、控制逻辑分析等）。在工艺设计和生产制造中的知识包括工艺流程库、工艺规则库、工艺内容库、工装知识库、工艺文件、作业指导书、生产质量记录、产品测试记录等。

有了主数据的总目录索引和产品主数据的目录索引，就可以找到每一个设计对象的设计知识。当设计人员接到一个新产品设计任务时，首先就要从知识库中寻找与其最相似的案例。通过案例产品物料清单（BOM）的遍历和配置，在模块化、标准化、产品配置专家系统的支持下，大量客户化定制的产品就可以生成客户订单的物料清单，进而交付生产制造。基于 PLM/MDM 的设计知识管理框架如图 3.7 所示。

对于不能满足客户需求的零部件，调用相似零部件的几何模型、物理模型、行为模型、规则模型，以最快的速度设计出新的零部件，从而最大限度缩短设计周期，提高设计质量，提高零部件的重用率和知识的利用率。

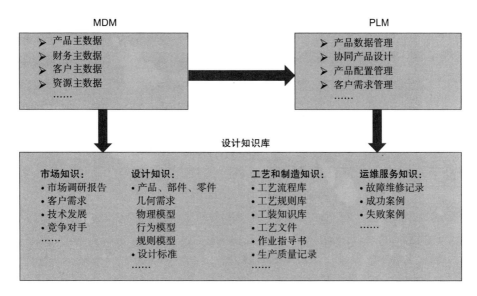

图 3.7 基于 PLM/MDM 的设计知识管理框架

3.3.3 落实知识管理的重要举措

知识管理的重要性不言而喻，产品生命周期管理（PLM）系统也提供了知识管理的平台，但是至今大部分企业并没有落实好知识管理。为此，本书在认识、组织、制度、激励四个方面提出一些建议。

首先做好知识管理规划。明确知识管理对企业发展的必要性，分析企业知识管理现状，确定知识管理的目标、主要内容、实施办法等。

其次建立组织保障体系。成立以总工程师为首和有关部门领导参与的知识管理领导小组，全面负责项目的组织和实施。

再次制定知识管理的制度和流程。要将知识采集、维护、更新的工作列入产品研发设计整个流程。初步设计要提交什么文档，详细设计要建立

什么模型，生产制造和运维服务要建立什么文档，要对每个阶段的交付物
作出详细的规定。

最后建立严格的奖惩制度。实现个人知识公司化、公司知识共享化虽
说于公司有利，但会增加员工的工作量，可能会引发员工的不满，因此要
提高奖励，在计划进度和交付物之间求得平衡；再有，部分核心技术掌握
在少数人手中，而这些人却不愿意分享，对此就要建立一定的惩罚机制。
奖惩并举，双管齐下，才能推动知识管理的落实。

3.4　基于专家系统的产品配置管理

产品配置管理（Product Configuration Management，PCM）是对产品结
构与配置信息和物料清单（BOM）的管理。产品配置将产品定义的全部数
据，包括几何信息、分析结果、技术说明、工艺文件、合同订单和质量文
件等，都与产品结构建立了联系，使用户能够很方便地了解某一项变化所
造成的影响，产品配置管理实质就是广义的物料清单管理，是在设计工作
中最有效、常用的工具。产品配置管理在不同领域有不同的名称，在航天
航空、军工领域叫作产品技术状态管理或构型管理，在民品工业叫作产品
配置管理。下面就产品配置原理、产品配置专家系统和产品配置设计流程
进行论述。

3.4.1　产品配置管理

1. 产品配置管理的原理

图 3.8 是产品配置管理的原理。产品配置一般由通用产品结构和产品
配置专家系统组成。

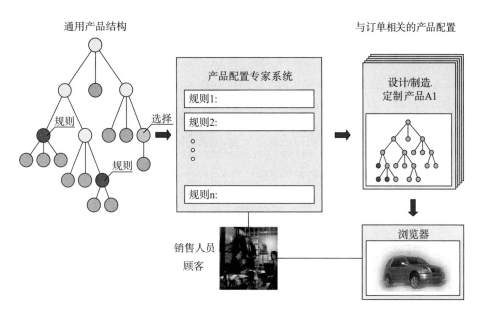

图 3.8　产品配置管理的原理

在产品配置前，首先要建立通用产品结构，它代表了一系列产品的构成要素，当客户提出需求时，输入参数或案例产品找到通用产品结构，通过产品配置专家系统的若干规则，就可以从通用产品结构中配置出客户定制化的产品结构。

2. 产品结构管理

产品配置管理的核心是产品结构管理。在产品系列化、模块化的基础上，为了便于产品配置，首先需要建立通用产品结构（Generic Product Structure，GPS），又被称为平台结构。实际的物料清单分为若干层，但按照配置的属性一般将产品结构分为顶层、配置层、底层，如图 3.9 所示。

图 3.9　产品结构层次的划分

　　顶层是用来组织、建立、管理复杂产品的结构，通过顶层结构的分类，可以迅速导航、查找到底层的零部件。顶层结构基本不变。

　　配置层是配置管理的主要层级，通过可配置项的建立，可以实现产品的配置、有效性管理和变更控制。对于顶层来说，这一层级的可配置项，构成了顶层产品结构的管理节点。对于底层而言，它向下挂接了技术方案，也就是产品的装配和零部件。

　　底层是配置项挂接的技术方案，主要由构成产品零部件的各种模型和图档组成。底层为工程管理层。

3. 配置项的定义

　　配置项（configuration item）的定义和管理是产品结构管理的核心。配置项是一个产品结构中的主要组件，为最终产品提供重要的功能。配置项的指定过程是把规范分解到项目，从而进行分别研制的一种实用方法。所指定的配置项可以标注其组件的变更有效性。配置项的确定主要在产品需求分析和分解中进行，以形成最初的产品结构。配置项的指定与供应链中的位置有关，一般把供应商的最终产品作为配置项。配置项的数量多少与产品的复杂度有关，也与系统集成度有关。配置项不能选择太多，否则会使得配置非常复杂，但也不能太少，否则会减少向下层的有效分解。

4. 配置的有效性管理

配置管理过程中，产品零部件管理的有效性是通过两个层级来管理的，顶层产品结构通过对配置项的选配，用配置项来管理配置。配置层的设计方案用来管理有效性。产品配置用来在产品规划设计阶段定义产品顶层结构。对于不同的产品选配都有一个产品配置与之对应，任何一个产品的产品结构都与一个唯一的产品配置相对应，以保证配置的有效性，而复杂产品的批次最终是通过对配置项的选配来完成的。

图 3.10 是一个基于变量配置的例子。根据客户需求在产品层确定产品选用的型号、特征、参数、选项。使用平台（通用产品结构），应用产品配置的若干规则，选择符合要求的模块、零部件，构成特定需求的物料清单。

5. 变更管理

对产品进行变更要考虑产品的安全、性能、功能、可靠性、维护、重量、互换性、客户的技术要求、供应商等因素。在变更管理中，变更的原则是：影响装配、外形和功能的零部件直接换号，否则零部件的编号不变，直接提升版本号。

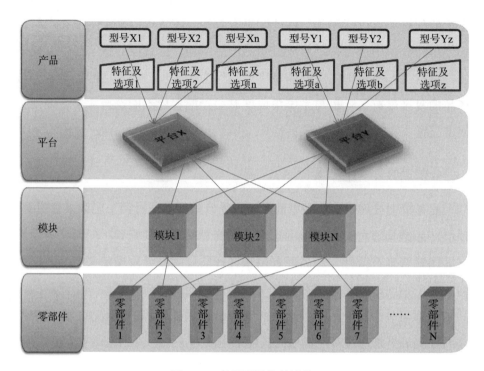

图 3.10　变量配置物料清单

3.4.2　产品配置专家系统和配置设计流程

1. 建立通用设计知识库

参考基于 PLM 的知识管理，来建立通用设计知识库。知识库的内容包含产品、部件、零件、子系统、系统的几何模型、物理模型、行为模型、规则模型，以及产品设计国家标准、行业标准、企业标准；标准件库、模板库、案例库、过程导向库等。

2. 建立产品配置知识库

建立产品配置知识库包括建立通用产品结构库、选用装置库、标准模块库、专用模块库与相似零部件库等。

3. 基于专家系统的配置设计流程

基于专家系统的配置设计流程如图 3.11 所示。首先根据客户需求和配置设计任务，在产品配置器的交换屏幕上输入产品型号、特征、参数、选配要求等信息，系统找到通用产品结构（平台）。接下来运行该产品的产品配置规则，包括选装、互换、替换、组合、冲突等，经过逻辑运算 "IF-AND-OR-NOT"，生成客户化的物料清单。之后会进行合规性和有效性的检查。最后输出精确的客户物料清单和相关设计文档（几何模型信息、版本、分析结果、技术说明、工艺文件等）。

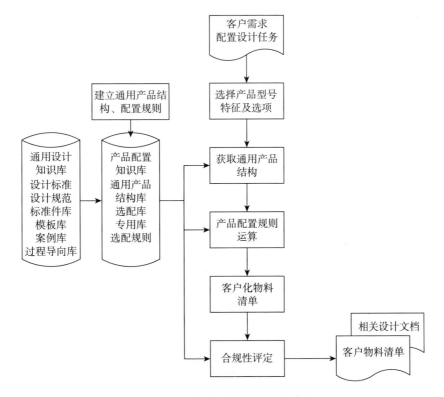

图 3.11　基于专家系统的配置设计流程

产品配置管理极大地提高了大规模客户化定制的设计效率，提高了零部件和物料的可重用性，降低了生产成本和管理成本。在这个流程中有两个技术难点要额外注意，一是通用产品结构建立的合理性和完整性，二是配置规则设计的正确性和严谨性。

3.5　基于专家系统的 CAPP、CAM 系统建设

工艺过程设计是连接产品设计与生产制造的桥梁。工艺文件设计质量的好坏直接影响产品的质量、加工的效率、安全、环保等。工艺过程设计可以表示成工艺结构树，如图 3.12 所示。

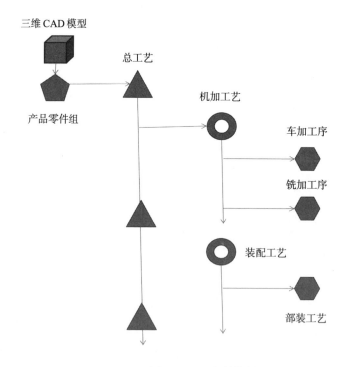

图 3.12　工艺结构树

图 3.12 中总工艺，也称工艺分配表，将零件工艺分配到车间级，例如备料—锻造—机加—热处理—装配等；工艺是描述零件在某车间内部的加工工序，如车加工—铣加工—热处理—磨削；工序是指在一个机床上完成的作业内容；工步一般来说是指在一个工序中分若干步骤。

计算机辅助工艺过程设计（Computer Aided Process Planning，CAPP）是指借助计算机软硬件技术和工艺知识库、工艺设计专家系统，利用计算机进行数值计算、逻辑判断和推理等功能来制定零件加工的总工艺过程、零件加工工艺路线和工艺卡。借助 CAPP 系统，可以解决手工工艺设计效率低、一致性差、质量不稳定、不易达到优化等问题。

工艺过程设计通常有以下 3 种方式：

1）检索式工艺过程设计。这种方式是针对标准工艺的，对设计好的零件标准工艺进行编号，存储在计算机中，当制定某零件的工艺过程时，可根据输入的零件信息进行搜索，查找合适的标准工艺。

2）派生式工艺过程设计。这种方式是利用零件的相似性原理，特征相似的零件具有相似的工艺过程，而最典型的零件特征相似性表达是零件的成组工艺编码，通过检索相似典型零件的工艺过程，加以增删或编辑而派生一个新零件。

3）基于模型定义（MBD）和专家系统的工艺过程设计。MBD 技术的深入应用，对工艺过程设计产生重大影响，真正开启了三维工艺设计的时代。MBD 技术将三维产品制造信息与三维设计信息共同定义到产品的三维数模中，摒弃二维图样，直接使用三维标注模型作为制造依据，使工程技术人员从二维设计中解放出来，实现了产品设计与工艺设计、工装设计、零件加工、部件装配、零部件检测检验的高度集成、协同和融合，加上工艺设计的知识库和专家系统，使工艺设计实现智能化。

三维工艺过程设计主要有以下优势：

1）表达直观，消除了对工艺理解的二义性。有些空间的尺寸用二维图表述非常难以理解，用三维空间展示将会非常直观且形象。实现三维工艺指令向车间现场的数据发放，采用直观的三维工艺表达方式，能够增强工艺信息的可读性，也能提高生产制造阶段的效率。

2）最大限度传递和继承设计的信息，有效减少工艺和设计理解上的偏差，降低出错概率，将三维设计成果融入对应的工艺设计过程中。在这种情况下同一数据源可有多种用途，为协同并行工作提供条件，进而提高各部门工作效率。

3）工序模型之间可以保持关联，保证数据的统一性和准确性。当设计模型发生更改时，各模型会自动更新，这种关联性是传统二维工艺不具备的，这种关联性减少了工艺人员在工艺编制的过程中出现错误的概率。

4）通过三维仿真验证手段，可以对产品装配、机械加工过程进行全程仿真验证，最大限度地将问题暴露在设计工艺规划环节，降低后端更改的成本和时间。

但三维工艺设计也存在一些不足，主要是基于模型的工艺设计相关标准尚处在研究阶段，通用的三维 CAPP 系统尚未成熟，因此必须构建基于MBD 三维工艺设计系统。

基于 MBD 的三维工艺设计很好地解决了设计模型和制造工艺信息的传递，但是，要真正实现智能化的工艺设计，必须有工艺知识库和专家系统的支持。工艺流程库存储产品加工工艺流程图上工艺节点（即工序）处理顺序的逻辑关系。工艺规则库存储关于工艺处理的若干规则，如工艺生成时提取信息的一系列规则和制造序号生成规则等。这些规则是在系统详细设计时经过分析设计出的一套完善的规则，可以处理系统运行时可能出现的各种情况。工艺内容知识库中存储工艺节点对象的属性知识，这些知识包括工艺节点的类型、输入项和专家提示信息，以及等同工艺节点、上级工艺节点、工艺的具体内容（即工步内容）等。工艺装备知识库与加工设备知识库分别存储加工工艺中用到的工艺装备与加工设备的相关知识和信息。热处理知识库存储加工工艺热处理相关知识。另外还有标准件知识库等其他知识库分别存储相关知识。这些知识是工艺专家的经验总结，在系统设计时提供修改接口，可方便地加入专家的新知识、新规则，以及更新或删除陈旧过时的数据等。

规则库的功能是汇总工艺设计规则，包括典型几何要素的加工方法、机床选择规则、尺寸精度选择规则、工艺排序逻辑判断原则以及相关的加工类型。数据库用于存放加工数据，包括加工余量、刀具（模具）参数、切削用量参数、辅具代码、量具代码、机床参数和台数、工装代码、工时数等。这些数据的来源可由用户根据本企业的产品特征和制造资源的环境新建，也可建立在已有数据库的基础上。由于工艺过程设计本身是一个多参数、多约束、依赖于经验且复杂的思维创作过程，其知识结构十分复杂，这里提出用多层次、多种表达模式且有机集合的知识表达方法，即把上述工艺规则和加工数据知识收集起来，采用分层方式排列。第 1 层是零件族特征获取；第 2 层是加工方法、工艺选择等工艺知识库；第 3 层是机床选择、加工类型、工装夹具的选择等制造资源库；第 4 层是加工数据、加工工时等工艺数据库。同时对低层知识用数据库表达方法，对高层知识如加工顺序、工装设备、切削用量、工序设计等用框架式、产生式、逻辑式、过程式集成表达模式。工艺推理采用数据驱动模式（正向推理策略），即从零件的毛坯开始，引入启发性知识进行多层次搜索分级推理。这样形成的知识库不仅具有逻辑原则，而且具有人工智能的能力。基于 MBD 和专家系统的工艺设计流程如图 3.13 所示。

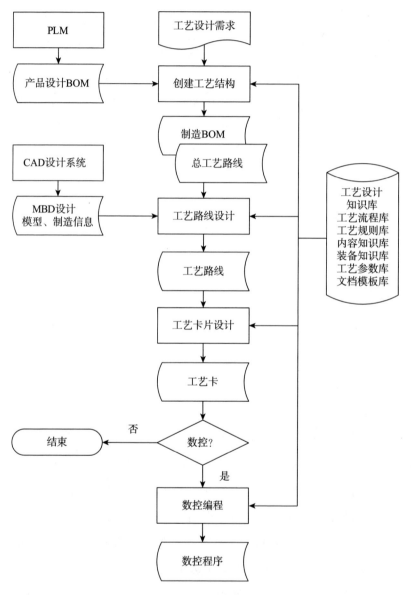

图 3.13　基于 MBD 和专家系统的工艺设计流程

人工智能技术在经营管理中的应用

4.1　智能运营综述

　　智能运营是指将先进的管理理念如精益生产、敏捷制造、网络化协同制造等的理念，融入企业资源计划、供应商关系管理、客户关系管理之中。在传统产、供、销、存、人、财、物管理信息化基础上，应用新一代信息技术和人工智能技术，实现包括客户需求、产品设计、工艺设计、生产制造、生产物流、进出厂物流、售后服务在内的整个供应链上的业务协同、计划优化和控制，使得任何客户的需求变动和设计的更改在整个供应链的网络中快速传播，得到及时响应进而实现全价值链上资源优化利用，实施意外处置，生产安全、信息安全、绿色环保等一系列的保障措施。应用人工智能技术构建市场需求模型、供应链计划和控制模型，应用机器人流程自动化（RPA）技术提高信息系统运行效率和质量。在此基础上，企业就能最大限度地缩短产品采购和生产周期，实现精益生产、精益供应，最大限度地降低库存和在制品资金占用，提高资源利用率，准时交货，快速响应客户需求⊖。

4.2　智能运营系统的设计目标

中国两化融合服务平台对 7 万家企业做了两化融合评估，评估企业两化融合的发展水平，得出一个重要结论：企业的信息化投入和企业的信息化收益并不是一个线性的关系，企业信息化的收益只有在迈过了集成创新阶段之后才会呈现指数化的增长，因为企业的系统是不断集成的，只有当集成的数量达到某一个临界点之后，收益才会呈现指数化的增长。那么这个临界点在哪里？这个临界点在企业整个供应链上的业务协同、构建模型驱动的供应链计划控制体系之中。基于这个论点，智能运营系统设计有如下目标。

1. 管理及业务流程优化设计

经过战略分析和管理诊断，找出企业经营管理中可持续发展的竞争力。为了打造这些竞争力，对企业的组织机构、业务流程、数据、信息系统进行优化设计，为智能经营系统的建设提供基本保障。

2. 建立供应链管控体系

在互联网和物联网的支持下，建立从客户需求、设计、采购、生产制造、交付、售后服务全价值链上的物流、资金流、信息流、责任流的协同供应链系统。以客户为中心，将供应链上的客户、供应商、协作配套厂商、合作伙伴从战略高度进行策划和组织，共享利益，共担风险，共享信息。

⊖　蒋明炜. 机械制造业智能工厂规划设计 [M]. 北京：机械工业出版社，2017.

通过信息化手段（如供应商关系管理、企业资源计划、客户关系管理、项目管理）实现整个供应链管理的优化和信息化，从而在满足个性化定制的前提下，最大限度地缩短生产周期和采购提前期，降低库存资金占用，快速响应客户需求。

3. 建立协同商务系统

在信息物理系统和企业信息门户支持下构建协同商务系统，将客户、供应商、代理分销商和其他合作伙伴紧密地联系起来，形成利益共享、知识共享的战略合作伙伴，实现供应商关系管理的业务协同、客户关系管理的协同。

4. 建立全价值链的集成平台

建立从客户需求、研发设计、采购、生产制造，直至售后服务全价值链的端到端的集成平台，实现客户需求与研发设计，研发设计与 ERP、MES、CRM、SRM，以及 ERP 与 MES、CRM、SRM 的集成。除此之外，还实现企业与供应商、经销商、客户、合作伙伴的集成与协同。

5. 机器人流程自动化

企业运行着各种业务系统如 ERP、SRM、CRM，在这些业务系统中选择那些重复度高、逻辑性强、规则清晰的人工作业，通过机器人流程自动化（RPA）系统，实现流程创建、流程管理、流程执行、流程优化，让虚拟机器人代替人工进行复杂的业务系统的日常操作，从而节省劳动力，提高业务标准化水平。

本书以供应链管理中最重要、目前企业应用最困难且成功率最低的供应链计划管理为重点进行论述，提出构建模型驱动的供应链计划体系，将人工智能的建模方法应用于供应链计划系统。同时为了提高业务系统的运行效率，本书也将就 RPA 进行论述（见 4.4 节）。

4.3 构建模型驱动的供应链计划体系

供应链管理的核心是供应链计划，特别是针对不同的生产类型如项目型制造、多品种小批量制造、批量流水生产、大规模个性化定制等来构建不同的计划模型，实现模型驱动的供应链计划和控制体系，如图 4.1 所示。

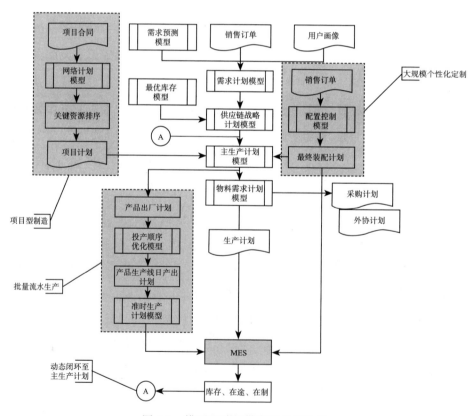

图 4.1 模型驱动的供应链计划体系

图 4.1 中中间无阴影部分是多品种小批量生产的供应链计划流程，左上角为按订单设计的项目型制造的供应链计划流程，左下角是批量流水生产（也称重复型制造）的供应链计划流程，右上角是按订单装配的大规模个性化定制的供应链计划流程。图 4.1 中多品种小批量供应链计划流程是核心，它支持其他三种供应链计划流程。为简化图形，图 4.1 中忽略了所有与计划有关的其他系统，只表示供应链计划流程这条主线。下面就这四种生产计划流程的特征、流程进行介绍。

1. 多品种小批量生产的供应链计划流程

多品种小批量生产（Job Shop Manufacturing）模式是机械制造业的主要生产模式。产品是标准的或选配的，按照用户需求组织多品种小批量生产。需求可能是预测生产、按订单生产。生产设备是通用的，生产组织按照工艺特征（如铸、锻、铆、焊、车、铣、磨、装配等）分为车间、工段、班组。供应链计划流程是根据市场需求预测、客户订单来编制需求计划，接下来编制供应链战略计划、主生产计划、物料需求计划。物料需求计划向制造执行系统下单生产计划，并向采购和外协部门下达物料采购和外协计划。机床、工程机械制造属于多品种小批量生产模式。

多品种小批量生产模式的供应链计划流程是其他三类生产模式的供应链计划的基础，它是通用的部分。

2. 项目型制造的供应链计划流程

项目型制造（Project Manufacturing）模式的特征：其产品结构复杂，物料清单多达十几层，零部件、原材料、配套件有上万个规格品种，管理非常复杂；产品按订单设计、制造、核算；为了缩短生产周期，采取边设计、边采购、边制造的并行工程。项目型制造和其他几种生产类型都不同。

关键资源、关键路径决定了产品的交货期，所以关键资源排序和关键路径的控制至关重要。由于产品复杂，生产周期长达 1 ~ 2 年，项目型制造的多个订单同时生产，同一个订单产品分多次交货，按发货的装箱单分多次结算销售收入，因此按项目进行产品报价、项目预算、预算控制、项目结算变得非常复杂和重要。

项目型制造的供应链计划流程的关键主要是网络计划，它将整个项目从产品设计、工艺设计、生产准备、生产制造、安装调试直至最终交付的各项任务构建工作分解结构 WBS，运行网络计划，并对关键资源排序，对网络计划做出调整。对产品制造部分的主要节点的需求和计划进入主生产计划和运行物料需求计划。

3. 批量流水生产的供应链计划流程

批量流水生产，国外又叫作重复生产（Repetitive Manufacturing），这类企业产品比较标准，车间按照零部件为对象组成一条条生产线。管理上推行精益生产，准时生产，即"材料和零部件在刚好需要的时候，加工出来并发送到下一级生产的工作地"。它的宗旨是消除一切不增加产品价值的消极因素，如等待时间、在制品储备、废品等，向零库存、零缺陷进军。

按每天或某时间段的计划产量组织生产，而不是按离散的加工批量（batch）、任务（job）组织生产。它采用分层计划法来分配计划量，并按生产节拍进行能力平衡。

批量流水生产的供应链计划流程对中长期计划仍然采用多品种小批量生产计划流程，直到物料需求计划，向供应商发布中期需求预告，真正供货由准时生产计划拉动。计划流程首先从主生产计划产生最终产品产出计划。由于不同产品批量有大有小，为了快速响应客户的需求，需要运行投产顺序优化，生成产品生产线日产出计划，通过 JIT 准时生产计划产生每条生产线精确到分钟的投入产出计划。

4. 大规模个性化定制的供应链计划流程

大规模个性化定制（Mass Customization，MC）是一种根据客户的个性化需求，以批量生产的装备、流程、低成本、高质量和效率提供定制产品和服务的生产方式。它与一般的个性化定制不同，机械制造业大规模定制具有两点特征。其一，机械产品结构复杂，用一般的按订单设计 ETO 的方法来设计和生产产品，生产周期会很长，生产成本会很高，客户响应速度会很差。它必须在产品设计、生产组织上采取特殊的措施。其二，推行平台化的产品结构设计。大规模定制的产品设计不再是针对单一产品进行，而是面向产品族进行设计。它的基本思想是开发一个通用的产品平台。这个平台建立在标准化、模块化、参数化的基础上，利用它能够高效地创建和产生一系列派生产品，以满足客户个性化的需求。

大规模个性化定制供应链计划流程如下：在通用产品平台的支持下，对大部分通用零部件进行预测性生产，客户订单到达后运行产品配置控制（见 3.4.2 节），产生个性化的客户物料清单，编制最终装配计划。

4.3.1　供应链的计划模型

1. 需求预测模型

随着新一代信息技术快速融入产品和服务，加快了产品更新换代，智能产品快速增长，市场的不确定性增加。市场需求预测对企业评价市场营销机会、选择目标市场、确定新产品开发及上市时机、掌握市场需求的变化规律、制订营销计划、正确部署企业的资源配置、改善经营管理、提高企业适应市场环境的应变能力、提高经济效益具有十分重要的意义。

市场需求预测按照时间维度分为短期预测、中期预测和长期预测三种；按照空间维度分为区域、国内和国外三种；根据预测范围的不同，有宏观市场需求预测、行业需求预测和企业需求预测三种。

根据不同的预测需求，选择不同的预测模型。预测模型使用的方法分为两类，时间序列分析法和因果分析法。

时间序列分析法就是将过去的数据按照时间顺序进行排列，应用数理统计方法加以处理，以预测未来事物的发展。时间序列分析法的主要算法包括移动平均法（包括一次移动平均法、二次加权平均法和移动加权平均法）、指数平滑法、季节周期法。经济变量的变化往往受到若干因素的影响，而该经济变量的时间序列的变动是各影响因素共同作用的结果，一般来说，时间序列法主要考虑以下变动因素：趋势变动、季节变动、循环变动和不规则变动。

因果分析法是指客观事物之间存在着一定的因果关系，人们可以从已知的原因去推测未知的结果。因果分析法是通过寻找变量之间的因果关系，分析自变量对因变量的影响程度，进而对未来进行预测的方法。因果分析法主要算法包括消费系数法、回归分析法（包括一元回归分析法、多元回归分析法、非线性回归分析法）。

这些算法都是经典的算法，也有成熟的通用算法程序库可供调用，故这些算法不在这里展开介绍。

2. 需求计划模型

需求计划（Demand Planning，DP）即对客户的独立需求编制计划。客户的需求来自客户对市场需求的预测，对于整个供应链网络的合作伙伴而言，他们希望尽早知道客户长期、中期、短期的需求，以便及时做好生产技术准备，为后续的准时供货提供保障，所以构建市场需求预测模型至关重要。另外在互联网、电子商务、新零售、个性化定制需求的今天，做好用户画像，才能为新产品开发、精准营销和贴心服务提供依据。

3. 供应链战略计划模型

供应链管理的战略计划主要是指整个供应链中的节点企业之间的关系管理。建立供应链网络、战略合作伙伴关系和共同市场战略，将客户需求的中长期计划和按库存生产（MTS）的产品需求计划放到一起，根据产品物料清单，做毛需求计算，预告供应链网络中的各个成员，并希望供应商对中长期需求作出承诺，为后面的执行计划做好生产准备。

4. 最优库存模型

库存问题是一个古老、经典又现代的问题，无论对于按库存生产（Make To Stock，MTS）的企业还是一部分外购物资按库存采购的企业都面临这个问题，即如何实现库存总费用的最小化。

库存总费用 = 采购费用 + 固定费用 + 存货费用 + 缺货损失

其中采购费用是指采购货物数量 × 货物单价，有时会有批量优惠；固定费用是指每次订货所要支出的费用，如运杂费、手续费等；存货费用是指维持库存需要的费用，如资金占用的利息，存储费，维护费和管理费；缺货损失是指缺货的情况下产生的罚款费用，包括收入的损失，对客户失信的损失。

通过观察库存总费用的构成，不难发现：

❑ 增加每次的订货量，在一个时段内会减少订货次数，从而减少固定费用，对于生产者来说则减少大量生产准备时间，对于采购者来说还可能享受批量折扣，使总费用下降。但是它会增加库存量，从而增加存货费用。

❑ 库存过剩会造成资金占用过大，而且要支付额外的存货费用。但是库存不足会导致出现缺货损失的罚款费用或失去销售的商机。因此库存模型要在存货费用和缺货损失之间求得平衡。

库存优化的目标就是在保障供给的前提下使得库存总费用最小。

库存模型随需求率的不同其需求模型可分为三类，一是确定性静态库存模型，即需求率是与时间无关的函数；二是确定性动态库存模型，即需求率是时间的确定性函数；三是随机性库存模型，即需求率是时间的随机函数。

5. 主生产计划模型

主生产计划（Master Production Schedule，MPS）是一个净需求计划，它根据客户毛需求来确定生产什么、生产多少、什么时候交付。主生产计划项主要是独立需求，但在按订单装配的环境下也可以是零部件需求，它与物料需求计划（MRP）一起构成一个动态闭环的执行计划。

6. 物料需求计划模型

物料需求计划（Material Requirements Planning，MRP）是指根据制造物料清单（由工程物料清单，添加主要工艺过程，直到采购、外协的物料清单）、提前期、库存政策、批量政策、物料库存、采购在途、车间在制等信息，计算出什么时候、什么供应商（外协厂商）、什么车间、什么物料（包括零部件、毛坯、原材料、外购配套件、辅料）的净需求的数量和时间，从而生成采购计划、生产计划、外协计划。其中生产计划与制造执行系统（MES）集成，成为车间作业计划的依据；采购计划、外协计划与采购系统集成，实施物料采购和外协。MRP 是内外供应链的核心计划，其计划的准确性和科学性直接影响采购和制造提前期、库存资金占用及准时交货率。这是一个闭环计划，随着需求变化、设计变更、供应和生产的变化来不断更新，是企业生产管理人员调度和指挥生产的必备武器。

MRP 的算法如下：

净需求 =（毛需求 – 计划接收量 – 可用库存）×（1+ 报废系数）

毛需求 = 父项需求量 × 父项对子项需求量 + 独立需求

计划接收量 = 在制品计划入库或已订购计划入库量

可用库存 = 现有库存 – 安全库存 – 已分配量

已分配量 = 计划出库但实物尚未出库

MRP 算法看似简单，实际非常复杂，它需要准确无误的制造物料清单、库存信息、采购和生产的信息、提前期、批量政策等。为了使多个产品共用一种物料的需求量，并能够合批生产或采购，需要引入一个低层代码的概念。所谓低层代码就是因为同一种物料在不同产品的制造物料清单中所处的层级未必相同，所以要在所有在产产品的制造物料清单中找到这个被共用的物料最低层级。在计算净需求时，只要不是最低层级的需求量只需要做记录，直到最低层级才统一计算这个物料的净需求。

MRP 是一个内外供应链的核心计划，与传统手工计划相比，它打破了产品台份计划的概念，按每种零部件编制计划，实现通用物料合批生产或采购。它是一个动态闭环计划，随着需求的变化、设计变更、供应和生产的现状不断动态更新计划，从而提高计划的科学性和可执行性。MRP 的成功运行将最大限度地缩短产品生产周期，降低库存和在制品资金占用，实现准时交货。它是企业生产管理人员调度和指挥生产的必备武器。

7. 网络计划模型

项目型制造企业需要编制网络计划。首先将项目分解为若干节点，建立工作分解结构（WBS），列出项目需要做的各项工作。接下来按照这些工作出现的先后顺序连成网络图。有了网络图，根据项目工作时间的确定性和非确定性，选择关键路径法（Critical Path Method，CPM）或计划评审技术（Program Evaluation and Review Technique，PERT）进行网络计划编制。而在计算关键路径时，要对关键路径上的事项给予特别关注，对于需要关键资源的关键件进行有限能力作业排序。如果关键资源排序的结果超过网络计划的节点，但又没有替代资源，那么就要调整网络计划。

8. 配置控制模型

在大批量定制环境下，为快速生成客户的物料清单，需要采用配置控制模型。这部分内容已在 3.4 节进行论述。

9. 投产顺序优化模型

在大批量生产环境下，订单有大有小，生产计划人员总是希望一个产品的批量越大越好，但是如果某一个产品批量过大，占用生产线的时间就会很长，这会影响其他产品的交货时间，因此既要考虑生产线的能力、合理的批量搭配，又要满足客户的需求，为此就要进行优化。

投产顺序优化一般采用生产比倒数法。设某混流生产线生产 A、B、C 三种产品，计划产量分别为 3000、2000、1000。计算过程如下：

1）首先计算生产比：

$$n_A : n_B : n_C = \frac{3000}{1000} : \frac{2000}{1000} : \frac{1000}{1000} = 3 : 2 : 1$$

2）其次计算生产比的倒数 m_i：

$$m_A = \frac{1}{n_A} = \frac{1}{3}; \ m_B = \frac{1}{n_B} = \frac{1}{2}; \ m_C = \frac{1}{n_C} = 1$$

3）接下来确定投产对象：

此时要遵循两个规则，一是从全部产品中，选出生产比值倒数最小的品种；二是当最小值有多个，要选较晚出现的。

4）再次更新 m_i 的值：

$$m_i = \text{已选品种 } m_i + \text{该产品生产比值的倒数}$$

5）最后重复 3、4 步骤直至全部排产。

计算过程和结果如表 4.1 所示。

表 4.1　投产顺序计算过程

项目 计算过程	品种			投产顺序
	A	B	C	
1	1/3*	1/2	1	A
2	2/3	1/2*	1	AB

（续）

项目 计算过程	品种			投产顺序
	A	*B*	*C*	
3	2/3*	1	1	*ABA*
4	1	1*	1	*ABAB*
5	1		1	*ABABA*
6			1*	*ABABAC*

　　投产顺序优化要具备以下条件：首先生产线要按照混流生产进行组织，同一条生产线可以生产多个品种；其次在更换品种时，生产装备、工装夹具要能够快速调整，以减少换产时的生产准备时间；再次要建立准时生产计划模型制造单元，实现一个流生产；最后按照投产顺序准时供应物料，保证供应质量和生产质量。这样做能够最大限度减少库存，快速响应客户需求，并提高企业的竞争力。

10. 准时生产计划模型

　　产品生产线日产出计划是经过优化的产品出产计划，分配到最终产品出产的不同的生产线当中，是准时生产（JIT）计划的起点。

　　准时生产计划模型（见 5.4.3 节）是根据生产线的节拍、产量、生产线工位物料清单、工位物料在制、工位在制储备政策来计算每条生产线的投入产出计划（可以细化至分钟）和生产线工位物料配送计划，按照产品生产工艺流程从后往前逐条线进行计算。在生产线之间可能需要"过廊"或适当的缓冲储备，以此来保障生产线的平稳运行。最后，模型输出生产线投入产出计划、领送料计划、供应看板和生产看板。

　　综上所述，可以看到基于模型驱动的供应链计划是一个动态闭环的计划。它将帮助企业准确把握客户需求，并将这个需求通过一系列计划模型分解到整个供应链上。但是计划跟不上变化，各种干扰因素一定会偏离计划，因此要及时采集计划执行数据，不断更新计划，在实践中不断优化提前期、批量政策、储备政策，实现整个计划体系的迭代优化。

前面这些计划都是工厂级的计划，这些计划提交给车间，通过运行MES，进一步编制车间作业计划，车间作业计划将在5.4节中阐述。

4.3.2　用户画像

客户是上帝，客户是衣食父母，用什么方式能够深入了解不同客户的需求、偏好、能力，从而为产品设计、精准营销、客户服务提供科学的依据？过去会用问卷调查、客户访问等方式，在信息社会的今天，互联网、大数据、人工智能、电子商务、社交媒体则提供了了解客户的新途径，即用户画像（Persona）。

用户画像又称用户角色，作为一种勾画目标用户、联系用户诉求与设计方向的有效工具，用户画像最初应用于电商领域，之后在各领域得到了广泛应用。在大数据时代背景下，用户信息充斥在网络中，用户的每个具体信息都被抽象成标签，利用这些标签可以将用户形象具体化，而企业则可以为用户提供有针对性的服务。

用户画像是真实用户的虚拟代表，是根据客户的行为观点差异将其区分为不同类型，然后把新得出的类型提炼出来，形成刻画用户需求的模型。一个产品大概需要 4 ~ 8 种类型的用户画像，每个用户画像都包含 8 个要素（PERSONAL）。

P 代表基本性（Primary），指该用户角色是否基于对真实用户的情景访谈；E 代表同理性（Empathy），指用户角色中包含姓名、公司名、照片、行业和产品相关的描述；R 代表真实性（Realistic），指对那些每天与顾客打交道的人来说，用户角色是否看起来像真实人物；S 代表独特性（Singular），指每个用户是否是独特的，彼此是否有相似性；O 代表目标性（Objectives），指该用户角色是否包含与产品相关的高层次目标，是否用关键词来描述该目标；N 代表数量性（Number），指用户角色的数量是否足够少，以便设计团队能记住每个用户角色的姓名，以及其中主要的用户角色；A 代表应用性（Applicable），指设计团队是否能将用户角色作为一种实用工具进行设计决策；L 代表长久性（Long），指用户标签是否在长时间内都有其存在的合理性。

以上要素旨在说明用户画像中共性的部分，而在商业活动中，由于商业模式不同，相应的要素也会存在差异，下文将以 B2B 和 B2C 两种模式为例具体讲述。

1. B2B 用户画像

B2B 是指商家与商家交易的行为，也指企业与企业之间通过专用网络或互联网，进行数据信息交换、传递，开展交易活动的商业模式。它将企业内部网，通过 B2B 网站与客户紧密结合起来，借助网络的快速反应，为客户提供更好的服务，进而促进企业的业务发展。

B2B 的用户画像需要回答客户需要什么、谁是决策者、客户采购的决策机制如何、他们的支付能力如何、竞争者是谁、购买意向是否强烈等一系列问题。因此需要为 B2B 用户画像做企业画像、决策链画像和联系人画像。

（1）企业画像

企业画像是 B2B 客户画像的重要组成部分，它有最多的数据收集源，其中技术侧的原始数据包括：基础信息，如客户的名称、地址、联系电话等；行业属性，如所在行业（可用行业代码标准来标识）；地域属性，如所在省份、城市、城市级别等；历史采购情况，如客户在过去购买过的产品金额、产品类型、时间等；现有采购需求情况，如承接了哪些重大的项目、客户经营升降等；商机，如已经获知且销售人员跟进的客户的未来采购意向；企业规模，如员工人数、资产、年销售额、利润，PC 台数、纳税额等；企业性质，如央企、地方国企、外企、民企、上市公司等。

收集完以上信息后再进行分类整理，最终业务侧需要的标签主要有三个。一是客户购买潜力，综合客户的规模、行业、所处地域、企业性质等因素，通过数据挖掘和分析，给出定量的客户采购预算数值，再结合历史采购金额，预计客户份额。二是重点建设项目，大型客户的重点项目采购往往会分为数期，并且延续数年，其中最有代表性的是政府主导的重大工程。通过以往采购的产品类型，就能推导这些项目的阶段，并且预测下一阶段可能采购的产品类型。三是客户细分，综合客户历史采购金额、购买潜力、所在行业等维度，给同一类客户贴上同一细分标签，例如"金银铜"客户的常规细分标签。

（2）决策链画像

决策链画像是 B2B 客户画像中最重要的部分，也是最难建立的。通常大型企业以及政教医疗客户的采购决策受到大量自身不可控的因素影响，包括：限定品牌、集团上级机构的统一采购（集采和分采）、客户内部部门间的分权（需求方、财务方、实施方、审批方等）、各种背景的代理商和厂商的影响等。

从数据收集角度来看，决策链画像中的主要影响因素有三个。

一是客户决策树结构，特别是大型集团客户的上下级公司结构，以及有决策权的节点。二是部门职能，比如在大型客户内部，一次采购会牵涉到需求方、采购部门、审批部门等多种角色，通过客户官网可以获取客户的部门结构，再结合调研就能了解对采购有影响力的核心部门是哪些。三是受影响渠道，特别是一些政教医疗和大型国企，它们的采购结果一般会在网上公示，通过爬虫技术可以对这些数据进行收集并进行渠道影响力分析，由此可以了解到对客户采购决策有影响力的代理商和品牌。

在获取以上数据后，对于业务侧的人来说，最终产出的客户标签只有两个，即客户有采购决策权和客户没有采购决策权。

（3）联系人画像

虽然 B2B 的营销主体是客户，但是在营销落地的时候仍然需要面对具体的负责人，常规用于营销的数据包括：基础信息，如联系人姓名、性别等；职位，如对接决策链画像中的部门职能，了解联系人在采购中是否有影响力；在线行为，特别是通过营销技术了解联系人在线的行为；联系方式，如传统的电子邮件、电话等信息，或是如今较为流行的社交平台账号等；营销接触和反馈，如历史上对这个联系人进行过的营销类型，客户的各种反馈动作（是否打开了电子邮件，是否接听了电话等）。

最终产生的业务侧标签有两个。一是客户兴趣图谱。同一个联系人在不同时间节点会对不同的产品产生兴趣，通过整合联系人过去的营销接触和反馈数据，能够了解此人目前正在浏览的内容。二是职位。同一个职能在不同行业有着不同的称谓，例如 IT 部门的负责人，在银行可能叫科技处处长，在政府叫信息中心主任，在企业可能叫 CIO。因此为抽取目标联系人，就要把五花八门的职位称谓进行标准化修正。

2. B2C 用户画像

B2C，是商家与最终客户的交易行为，即表示商业机构对消费者的电子商务。这种形式的电子商务一般以网络零售业为主，主要借助于 Internet 开展在线销售活动。例如经营各种书籍、鲜花、计算机、通信用品等商品。

B2C 用户画像为广告推送、精准营销和客户服务提供准确数据。B2C 用户画像分为人口属性画像、兴趣画像和地理位置画像三个部分。

（1）人口属性画像

人口属性画像包括性别、年龄、收入、婚姻状况、从事职业、教育程度等标签。这一类标签比较稳定，一旦建立，很长一段时间内基本不用更新，标签体系也比较固定。人口属性标签可以从社交网站、购物网站中获取，这类网站会引导用户填写基本信息，包括年龄、性别、收入等，但完整填写个人信息的用户只占很少一部分。而对于无社交属性的产品，用户信息的填充率非常低，在这种情况下，一般会用标签扩散模型来推算，把填写了信息的这部分用户作为样本，并将用户的行为数据作为特征训练模型，对无标签的用户进行人口属性的预测。

（2）兴趣画像

兴趣画像是互联网领域中使用最广泛的画像，互联网广告、个性化推荐、精准营销等领域最核心的标签都是兴趣标签。兴趣画像主要是从用户海量行为日志中进行核心信息的抽取、标签化和统计，因此在构建用户兴趣画像之前需要先对用户所有行为的内容进行内容建模。首先需要人工构建一个层次的标签体系，例如用户对哪些类别、主题、关键词感兴趣，可以通过用户的手机和计算机在各种网站上的触点找到他们的兴趣爱好。在完成内容建模以后，就可以根据用户的点击内容，计算用户对分类、主题、关键词的兴趣，得到用户兴趣标签的权重。

（3）地理位置画像

地理位置画像一般分为两部分，一是常驻地画像，二是GPS画像。两类画像的差别很大，前者比较容易构造，且标签比较稳定，而后者则需要实时更新。常驻地包括国家、省份、城市三级，一般细化到城市粒度即可。常驻地的挖掘基于用户的IP地址信息，对用户IP出现的城市进行统计就可以得到常驻城市标签。这不仅可以用来统计各个地域的用户分布，还可以根据用户在各个城市之间的出行轨迹识别出差人群、旅游人群等。GPS数据一般从手机端收集，由于很多手机应用没有获取用户GPS信息的权限，能够获取用户GPS信息的主要是百度地图、滴滴打车等出行导航类软件。

3. 用户画像系统逻辑架构

如图4.2所示，用户画像系统的逻辑架构分为5层。逻辑架构的底层为数据源层，数据来自企业的产品研发设计系统、产品生命周期管理（PLM）系统、客户关系管理（CRM）系统、电子商务网站、社交媒体、营销渠道、第三方的数据等。采集这些数据，将这些数据分为产品数据和用户数据两类。采集所有用户数据之后，要进行数据的清洗、加工、建模，构建出与产品类目和属性有关的产品类别识别、品牌识别、属性识别等信息模块，形成产品画像。有关用户属性的数据也要经过清洗、过滤、建模才能形成用户全渠道的标签识别，并最终形成用户画像。数据加工完成之后，还需要开发一个数据接口，产生分析类、服务类、营销类的用户画像，提供给各个行业如制造业、家电业等应用。

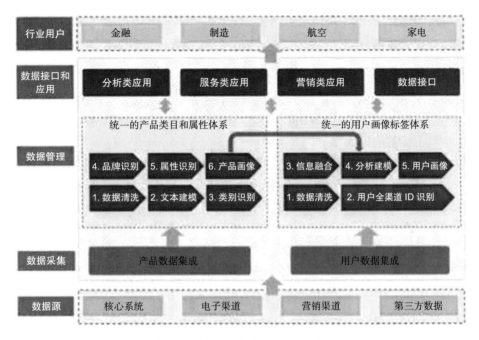

图 4.2　用户画像系统的逻辑架构

用户画像构建中用到的技术有数据统计、机器学习、自然语言处理技术（NLP）、大数据存储和计算、信息检索等。例如模型标签的构造大多需要使用机器学习和自然语言处理技术，构建标签扩散模型要使用机器学习中的分类技术，兴趣画像主要使用从用户海量行为日志中进行核心信息的抽取、标签化和统计相关的技术。另外，Hadoop 是一个由 Apache 基金会所开发的分布式系统基础架构，也是能够在 Internet 上对搜索关键字进行内容分类的工具。Apache Spark 是专为大规模数据处理而设计的快速通用的计算引擎。这些工具都是开源软件，对用户画像非常有用。

4. 用户画像评估

做完用户画像，如何对它的效果进行评价？一般最直接的评价方法就是看其对实际业务的提升效果，如互联网广告投放中主要看点击率和收入的提升，精准营销过程中主要看销量的提升等。如果把一个没有经过效果评估的模型直接上线使用，风险是很大的，因此需要一些上线前可计算的指标来衡量用户画像的质量，如标签的准确率、覆盖率、时效性等。

（1）标签的准确率

标签的准确率指的是被打上正确标签的用户比例，这是用户画像最核心的指标，一个准确率非常低的标签是没有应用价值的。准确率的计算公式如下：

$$准确率 = \frac{被打上正确标签的用户数}{被打上标签的用户数}$$

准确率的评估一般有两种方法，一种是在标注数据集里留一部分测试数据用于计算模型的准确率；另一种是在全量用户中抽一批用户，进行人工标注，评估准确率。

（2）标签的覆盖率

标签的覆盖率指的是被打上标签的用户在用户总数中的比例，标签的覆盖率并不是越高越好，因为覆盖率和准确率是一对矛盾的指标，需要对二者进行权衡，一般的做法是在准确率符合一定标准的前提下，尽可能提升覆盖率。标签的覆盖率的计算方法是：

$$覆盖率 = \frac{被打上标签的用户数}{用户总数}$$

（3）标签的时效性

有些标签的时效性很强，如兴趣标签、出现轨迹标签等，一周之前的标签基本上没有什么意义。有些标签基本没有时效性，如性别、年龄等。对于不同的标签，要建立合理的更新机制，以保证标签在时间上的有效性。

（4）其他指标

标签还需要有一定的可解释性，便于理解。同时为便于维护还要有一定的可扩展性，方便后续标签的添加。这些指标难以给出量化的标准，但在构建用户画像时也需要注意。

4.4　机器人流程自动化

机器人流程自动化（RPA）是以机器人作为虚拟劳动力，依据预先设定的程序与现有用户系统进行交互并完成预期任务的技术。RPA 适用于高重复性、逻辑明确、规则清晰的作业流程，其目的在于用机器（准确地说是软件机器人）替代人做重复、繁杂的业务系统的操作，解放人的双手，让人从事更加具有创造力的工作。

RPA 是近几年发展起来的技术，国内外都有成熟的产品和服务的公司，如美国的 Automation Anywhere、英国的 Blue Prism、罗马尼亚的 UiPath 等，国内公司有弘玑 Cyclone、来也 UiBot、云扩科技等。

4.4.1　机器人流程自动化的技术架构

企业内运行着诸多业务系统如 ERP、SRM、CRM 等，在这些业务系统中选择那些重复度高、逻辑性强、规则清晰的人工作业，通过 RPA 系统的流程创建、流程管理、流程执行、流程优化，让虚拟机器人代替人工对信息系统执行自动化操作。RPA 的技术架构如图 4.3 所示。

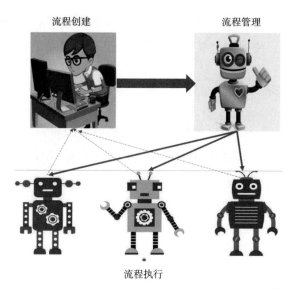

流程执行

图 4.3　RPA 的技术架构

在需求分析环节，首先分析现有业务系统中哪些流程适合开展 RPA，优先选择那些重复工作量大、花费人力多、流程清晰、规则明确的业务流程，选定后就着手制订实施计划。流程创建环节则是由企业业务人员和 RPA 软件开发或服务人员共同完成。第一，使用 RPA 开发工具如记录仪（也称"录屏"），记录用户界面里发生的每一次鼠标动作、键盘输入值、复制 / 粘贴等一系列日常计算机操作，写出流程脚本，也可以使用可视化流程图进行拖拽、参数配置操作生成流程脚本，或用编程手段写出流程脚本。第二，对脚本进行编辑，赋予这个流程一个名称。第三，提交试运行，检查其正确性，创建了一个机器人。流程管理主要用于软件机器人的部署与管理，包括开始 / 停止机器人的运行、为机器人制作日程表、维护和发布代码、重新部署机器人的不同任务、管理许可证和凭证等。当需要在多台计算机上运行软件机器人时，也可以用控制器对这些机器人进行集中控制，比如统一分发流程，统一设定启动条件，进行用户管理、机器人管理、系统管理等。流程执行即机器人的执行平台，可查看具体业务的机器人，具有完整的机器人添加和运行管理，机器人流程监控等。流程优化则是根据运行监控记录，收集运行中的问题，对流程脚本进行持续改进。

4.4.2   机器人流程自动化的应用案例

原则上看，所有业务系统只要具有重复性强、工作量大、规则清晰的操作都可以用 RPA 系统，RPA 目前在财务、税务、人力资源方面应用较为广泛。

在销售到收款环节中，机器人能够自动抓取销售开票数据并自动进行开票动作，进行应收账款对账与收款核销的同时，还能进行客户信用管理，自动进行客户信用信息的查询并将相关数据提供给授信模块用以客户信用评估和控制。

在采购到付款环节中，RPA 能够进行供应商主数据管理，自动将供应商提供的资料信息进行上传，处理诸如获取营业执照影像、识别指定位置上的字段信息、填写信息到供应商主数据管理系统、上传相关附件等任务。同时还能够基于明确的规则，执行发票校验任务，保证发票、订单、收货单三单匹配。在处理发票时，采用人和机器人结合的光学字符识别系统（OCR），扫描发票，识别相关数据，对发票进行认证和处理。在执行付款时，可以利用机器人提取付款申请系统中的付款信息，并提交给网银等资金付款系统进行实际付款操作。之后也可以进行账期处理及报告，如处理应付账款、预付账款、应付账款报告等。此外，RPA 还能自动处理供应商询证信息并将结果信息进行自动反馈。

在差旅与报销环节，RPA 能进行报销单据核对，比如自动核对发票信息、报销标准核查等。同时还可以自动审计费用，设定审计逻辑后，机器人自动按照设定的逻辑执行审计操作，如数据查询、校验并判断是否符合风险定义等。

在资产管理环节，RPA 可以管理资产卡片，如批量资产卡片更新、打印、分发等。RPA 还能进行资产折旧、资产转移、报废等期末事项管理。

在总账到报表的环节中，RPA 可以进行主数据管理，如主数据变更的自动更新、变更的通知、主数据的发布等。同时它还具有自动处理周期性凭证、自动账务结转、自动凭证打印，关联交易对账、自动处理格式化报告等功能。

4.4.3　机器人流程自动化的优势

通过软件自动化脚本来重复实现人工任务的自动化操作，可以降低人力成本，不再需要大量人力，仅需少数业务人员与运营维护人员。同时可以实现 7×24 不间断工作，提高生产效率和执行效率。另外 RPA 基于明确的规则操作，能够尽可能消除人为因素产生的错误，出错率较低。而且机器人的每个步骤可被监控和记录，能够保存丰富的审计记录，有助于企业的流程改善和优化。更为重要的是，RPA 与业务系统的软件架构无关，它是一个外挂的系统，什么系统都可以实施，因此实施的周期短且见效快。

人工智能技术在生产制造中的应用

5.1 智能生产综述

智能生产系统由智能装备、智能控制、智能物流、制造执行四个分系统组成，它接收 ERP 的生产指令，能够进行优化排产、资源分配、进度跟踪、智能调度、设备的运行维护和监控、过程质量的监控和分析、产品追溯、绩效管理等。智能化生产装备和控制系统，组成多条柔性生产系统柔性制造系统（FMS）、柔性制造单元（FMC）、柔性生产线（FML）进行产品的加工、装配、优化控制。智能生产的最高境界是建设数字孪生车间，用数字孪生技术实现物理车间全要素的虚拟映射，进行工艺过程模拟仿真，迭代优化。总之，从生产任务下达到产品交付全过程的人、机、料、法、环的优化管理和闭环控制，都包括在智能生产活动之中。

5.2   智能生产系统的设计目标

为了适应个性化定制的要求，制造装备必须是数字化、智能化的。根据制造工艺的要求，构建若干柔性制造系统、柔性制造单元、柔性生产线，每个系统都能独立完成一类零部件的加工、装配、焊接等工艺过程。同时，实现仓储物流智能化也是设计目标之一。为实现设计目标，需要建设进出厂物料和线边物料的自动化立体仓库，以及物料堆垛、配送的自动化、智能化的系统，实现物流系统与智能生产系统的全面集成。再者以精益生产、约束理论为指导，建设不同生产类型的、先进的、适用的制造执行系统，实现生产执行管理的智能化，其内容包括实现不同类型车间的作业计划的优化排产、作业计划的下达和过程监控、车间在制物料的跟踪和管理、车间设备的运维和监控、生产技术准备的管理、刀具管理、制造过程质量管理和质量追溯、车间绩效管理、车间可视化管理等。最后通过智能装备、智能物流、智能管理的集成，排除影响生产的一切不利因素，优化车间资源利用，提高设备利用率，降低车间物料在制量，提高产品质量，提高准时交货率，提高车间的生产制造能力和综合管理水平，实现提效增益的经营目标。

人工智能在生产制造中的应用很多，如生产装备、生产线、物料存储和搬运的自动化和智能化；在生产管理中根据不同的作业环境编制最优作业计划、作业调度；质量控制方面的在线质量检测、分析和控制；基于深度学习的质量改进、工艺过程优化；机器视觉在制造业中的应用等，其中生产智能化的最高境界是数字孪生车间。下文将依次介绍 AI 技术在生产制造中的应用。

5.3　数字孪生车间

北京航空航天大学陶飞教授团队认为数字孪生车间是在新一代信息技术和制造技术驱动下，通过物理车间与虚拟车间的双向真实映射与实时交互，实现物理车间、虚拟车间、车间服务系统的全要素、全流程、全业务数据的集成和融合，在车间孪生数据的驱动下，实现车间生产要素管理、生产活动计划、生产过程控制等，以及在物理车间、虚拟车间、车间服务系统间的迭代运行，从而在满足特定目标和约束的前提下，达到车间生产和管控最优的一种车间运行新模式[⊖]。

数字孪生车间是新一代信息技术、人工智能技术与物理车间深度融合的最高形式。生产车间随生产对象、生产工艺特征的不同，所用的装备不同，生产车间所用的数字孪生技术会有很大区别。下面用广义车间的概念讲述数字孪生车间的组成和原理。

5.3.1　数字孪生车间的组成

数字孪生车间由物理车间、虚拟车间、车间服务系统、车间孪生数据和上述四部分的信息集成与交互组成。应用一系列建模技术、仿真技术、物联网技术、虚拟现实技术等手段，实现从新车间规划、设计、模拟仿真、设计优化到车间投产后生产运营全过程的物理车间的人、机、料、法、环全要素、全流程虚拟映射，实现工艺流程模拟仿真、迭代优化、3D 体验，以此最大限度地实现车间资源优化利用，提高生产效率，改善产品质量，降低生产成本。数字孪生车间的组成如图 5.1 所示。

⊖　陶飞等 . 数字孪生车间：一种未来车间运行新模式 [J]. 计算机集成制造系统，2017，23（1）.

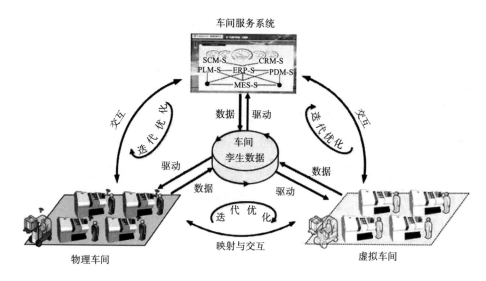

图 5.1　数字孪生车间的组成

1. 物理车间

　　基于数字孪生的物理车间由数字化、智能化的单机，多台装备组成的柔性制造系统，自动化物流运送装置，上下料机械手，控制系统和工装刀具等生产装备组成，这些装置具有通信接口，安装大量的传感器，通过物联网将它们互联互通，按照生产指令和设计的工艺流程生产特定的产品。车间控制系统分为多个层级，按照层级实时采集设备运行数据和工艺数据，实现单机智能闭环控制。柔性制造单元负责整个车间的优化调度和流程优化，形成多层闭环控制机制。物理车间将车间所有动态数据上传至虚拟车间和车间服务系统，实现物理车间多源多模态数据的集成与融合，并在全局最优的目标下对各自的行为进行协同控制与优化。与传统的以人的决策为中心的车间相比，人—机—料—法—环要素共融的物理车间具有更强的灵活性、适应性、鲁棒性与智能性。

2. 虚拟车间

虚拟车间是物理车间全要素的虚拟映射，它是所有工艺装备及加工对象的几何建模，以及这些工艺装备的物理属性模型，也是基于模型定义的工艺设计行为模型和依据车间繁多的运行及演化规律建立的评估、优化、预测、溯源等规则模型的集合。

在规划设计阶段，通过对虚拟车间所有工艺装备不同层级（单机、柔性制造单元、车间）的几何建模、物理建模、行为建模和规则建模，利用仿真技术、虚拟现实或增强现实技术，进行不同层级的工艺过程模拟仿真，从而发现设计的缺陷，迭代优化物理车间。在生产阶段，针对虚拟车间不同层级的控制单元，不断积累物理车间的实时数据与知识，在对物理车间高度保真的前提下，对其运行过程进行连续的调控与优化。同时，虚拟车间逼真的三维可视化效果可使用户产生沉浸感与交互感，有利于激发灵感、提升效率。并且虚拟车间模型及相关信息可与物理车间进行叠加与实时交互，实现虚拟车间与物理车间的无缝集成、实时交互与融合。

3. 车间服务系统

车间服务系统主要负责在车间孪生数据驱动下，对车间智能化管控提供系统支持和服务。它与研发设计系统集成获取基于模型定义的工艺设计信息，如三维工艺设计信息、作业指导、质量检测要求、三维装配信息、数控程序、PLC 控制程序、物料清单等，实现设计制造一体化。它与 ERP 系统集成，接受 ERP 的生产指令，进行优化排产、资源分配、进度跟踪、智能调度、设备的运行维护和监控、过程质量的监控和分析、产品的追溯、绩效管理等。在生产开始之前，进行单机数控程序的模拟、柔性制造单元的工艺过程的模拟以及整个车间作业计划的模拟和优化。

在生产过程中，物理车间的生产状态和虚拟车间对生产工艺过程的仿真、任务的仿真、验证与优化结果被不断反馈到车间服务系统，车间服务系统实时调整生产计划以适应实际生产需求的变化。数字孪生车间有效集成了车间服务系统的多层次管理功能，实现了对车间资源的优化配置及管理、生产计划的优化以及生产要素的协同运行，提高了数字孪生车间的质量和效率。

4. 车间孪生数据

车间孪生数据主要由物理车间相关数据、虚拟车间相关数据、车间服务系统相关数据以及三者融合产生的数据四部分构成。物理车间相关数据主要包括生产要素数据、生产活动数据和生产过程数据等（其中生产过程数据主要包括人员、设备、物料、方法等协同作用完成产品生产的过程数据，如工况数据、工艺数据、生产进度数据等）。虚拟车间相关数据主要包括虚拟车间运行的数据以及运行所需的数据，如模型数据、仿真数据等。车间服务系统相关的数据包括了从企业顶层管理、研发设计到底层生产控制的数据，如供应链管理数据、企业资源管理数据、销售／服务管理数据、生产管理数据、产品管理数据等。以上三者融合产生的数据是指对物理车间、虚拟车间及车间服务系统的数据进行综合、统计、关联、聚类、演化、回归及泛化等操作后的衍生数据。车间孪生数据为数字孪生车间提供了全要素、全流程、全业务的数据集成与共享平台，消除了信息孤岛。在集成的基础上，车间孪生数据进行深度的数据融合，并不断对自身的数据进行更新与扩充，它是实现物理车间、虚拟车间、车间服务系统的运行及两两交互的动力。

5.3.2　数字孪生车间的运行机制

下面从数字孪生车间的生产要素管理、生产活动计划、生产过程控制三个方面阐述数字孪生车间的运行机制，如图 5.2 所示 ⊖。

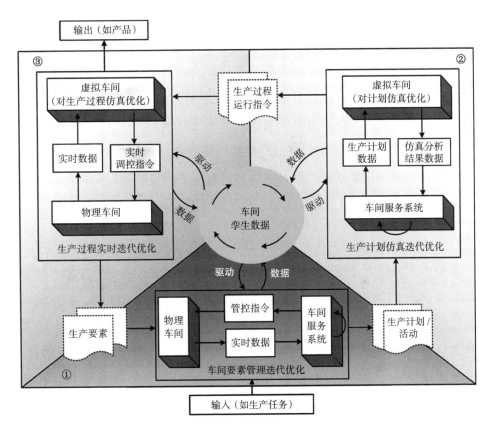

图 5.2　数字孪生车间运行机制

图 5.2 中阶段①是对生产要素管理的迭代优化过程，同时反映了数字孪生车间中物理车间与车间服务系统的交互过程，其中车间服务系统起主

⊖ 陶飞等．数字孪生车间：一种未来车间运行新模式 [J]．计算机集成制造系统，2017，23（1）．

导作用。当数字孪生车间接到一个输入生产任务时,车间服务系统在生产
要素管理的历史数据及其他关联数据的驱动下,根据生产任务对生产要素
进行管理及配置,得到满足任务需求及约束条件并与其他相关环节关联的
初始资源配置方案。车间服务系统获取物理车间的人员、设备、物料等生
产要素的实时数据,对要素的状态进行分析、评估及预测,并据此对初始
资源配置方案进行修正与优化,将方案以管控指令的形式下达至物理车间。
物理车间在管控指令的作用下,将各生产要素调整到适合的状态,并在此
过程中不断将实时数据发送至车间服务系统进行评估及预测,当实时数据
与方案有冲突时,车间服务系统再次对方案进行修正,并下达相应的管控
指令。如此反复迭代,直至对生产要素的管理达到最优。基于以上过程,
阶段①最终得到初始的生产计划/活动。阶段①产生的数据全部存入车间
孪生数据库,并与现有的数据融合,作为后续阶段的数据基础与驱动。

图 5.2 中阶段②是对生产计划仿真的迭代优化过程,同时反映了数字孪
生车间中车间服务系统与虚拟车间的交互过程,在该过程中,虚拟车间起
主导作用。虚拟车间接收阶段①生成的初始的生产计划/活动,在车间孪
生数据中的生产计划及仿真分析结果的历史数据、生产的实时数据以及其
他关联数据的驱动下,基于要素、行为及规则模型等对生产计划进行仿真、
分析及优化,保证生产计划能够与产品全生命周期各环节及企业各层相关
联,并能够对车间内部及外部的扰动具有一定的预见性。虚拟车间将以上
过程中产生的仿真分析结果反馈至车间服务系统,该系统基于这些数据对
生产计划做出修正及优化,并再次传至虚拟车间。如此反复迭代,直至生
产计划达到最优。基于以上过程,阶段②得到优化后的预定义的生产计划,
并基于该计划生成生产过程运行指令。阶段②中产生的数据全部存入车间
孪生数据库,与现有数据融合后作为后续阶段的驱动。

图 5.2 中阶段③是对生产过程的实时迭代优化过程，同时反映了数字孪生车间中物理车间与虚拟车间的交互过程，其中物理车间起主导作用。物理车间接收阶段②生成的生产过程运行指令，按照指令组织生产，在实际生产过程中，物理车间将实时数据传至虚拟车间，虚拟车间根据物理车间的实时状态对自身进行状态更新，并将物理车间的实际运行数据与预定义的生产计划数据进行对比。若二者数据不一致，则虚拟车间对物理车间的扰动因素进行辨识，并在扰动因素的作用下对生产过程进行仿真。虚拟车间基于实时仿真数据、实时生产数据、历史生产数据等车间孪生数据，从全要素、全流程、全业务的角度对生产过程进行评估、优化及预测等，并以实时调控指令的形式作用于物理车间，对生产过程进行优化控制。如此反复迭代，直至实现生产过程最优。该阶段产生的数据存入车间孪生数据库，与现有数据融合后作为后续阶段的驱动。

通过以上三个阶段，车间完成生产任务并得到生产结果（产品），生产要素相关信息存入车间服务系统中，开始下一轮生产任务。通过阶段①②③的迭代优化，车间孪生数据被不断更新与扩充，数字孪生车间也不断进化和完善。

5.3.3　数字孪生车间的特点

1.虚实融合

数字孪生车间虚实融合的特点主要体现在以下两个方面。一是物理车间与虚拟车间是双向真实映射的。虚拟车间是对物理车间高度真实的刻画和模拟。通过虚拟现实、增强现实、建模与仿真等技术，虚拟车间对物理车间中的要素、行为、规则等多维元素进行建模，得到对应的几何模型、行为模型和规则模型等，从而真实地还原物理车间。通过不断积累物理车间的实时数据，虚拟车间真实地记录了物理车间的进化过程。反之，物理车间忠实地再现虚拟车间定义的生产过程，严格按照虚拟车间定义的生产过程以及仿真和优化的结果进行生产，使生产过程不断得到优化。物理车间与虚拟车间并行存在，一一对应，共同进化。二是物理车间与虚拟车间是实时交互的。在数字孪生车间运行过程中，物理车间的所有数据会被实时感知并传送给虚拟车间。虚拟车间根据实时数据对物理车间的运行状态进行仿真优化分析，并对物理车间进行实时调控。通过物理车间与虚拟车间的实时交互，二者能够及时地掌握对方的动态变化并实时地作出响应。在物理车间与虚拟车间的实时交互中，生产过程不断得到优化。

2. 数据驱动

车间服务系统、物理车间和虚拟车间以车间孪生数据为基础，通过数据驱动实现自身的运行以及两两之间的交互。对于车间服务系统来说，首先物理车间的实时状态数据驱动数字孪生车间对生产要素配置进行优化，并生成初始的生产计划。随后初始的生产计划交给虚拟车间进行仿真和验证。在虚拟车间仿真数据的驱动下，车间服务系统反复地调整、优化生产计划直至最优。对于物理车间来说，车间服务系统生成最优生产计划后，将计划以生产过程运行指令的形式下达至物理车间。物理车间的各要素在指令数据的驱动下，将各自的参数调整到适合的状态并开始生产。在生产过程中，虚拟车间实时地监控物理车间的运行状态，并将状态数据经过快速处理后反馈至生产过程中。在虚拟车间反馈数据的驱动下，物理车间及时动作，优化生产过程。对虚拟车间来说，在产前阶段，虚拟车间接收来自车间服务系统的生产计划数据，在生产计划数据的驱动下仿真并优化整个生产过程，实现对资源的最优利用。在生产过程中，在物理车间实时运行数据的驱动下，虚拟车间通过实时的仿真分析及关联、预测、调控等，

使生产能够高效进行。数字孪生车间在车间孪生数据的驱动下，被不断地
完善和优化。

3. 全要素、全流程、全业务集成与融合

数字孪生车间的集成与融合主要体现在三个方面。首先，车间全要素
实现集成与融合。在数字孪生车间中，通过物联网、互联网、务联网等信
息手段，物理车间的人、机、料、法、环等各种生产要素被全面接入信息
世界，实现了彼此间的互联互通和数据共享。由于生产要素的集成和融合，
实现了对各要素合理的配置和优化组合，保证了生产的顺利进行。其次，
车间全流程实现集成与融合。在生产过程中，虚拟车间实时监控生产过程
的所有环节。在数字孪生车间的机制下，通过关联、组合等作用，物理车
间的实时生产状态数据在一定准则下被加以自动分析、综合，从而及时挖
掘出潜在的规律规则，最大化地发挥了车间的性能和优势。最后，车间全
业务实现集成与融合。由于数字孪生车间中车间服务系统、虚拟车间和物
理车间之间通过数据交互形成了一个整体，车间中的各种业务（如作业计
划与执行、物料配给与跟踪、工艺分析与优化、质量分析与优化、能耗分
析与管理等）被有效集成，实现了数据共享，消除了信息孤岛，从而在整
体上提高了数字孪生车间的效率。全要素、全流程、全业务的集成与融合
为数字孪生车间的运行提供了全面的数据支持与高质量的信息服务。

4. 迭代运行与优化

在数字孪生车间中，物理车间、虚拟车间以及车间服务系统两两之间
不断交互、迭代优化。车间服务系统与物理车间之间通过数据双向驱动、
迭代运行，使得生产要素管理达到最优。车间服务系统根据生产任务产生
资源配置方案，并根据物理车间生产要素的实时状态对其进行优化与调整。

在此迭代过程中，生产要素得到最优的管理及配置，并生成初始生产计划。车间服务系统和虚拟车间之间通过循环验证、迭代优化，达到生产计划最优。在生产执行之前，车间服务系统将生产任务和生产计划交给虚拟车间进行仿真和优化。然后，虚拟车间将仿真和优化的结果反馈至车间服务系统，车间服务系统对生产计划进行修正及优化。此过程不断迭代，直至生产计划达到最优。另外物理车间与虚拟车间之间通过虚实映射、实时交互，使得生产过程最优。在生产过程中，虚拟车间实时地监控物理车间的运行，根据物理车间的实时状态生成优化方案，并反馈指导物理车间的生产。在此迭代优化中，生产过程以最优的方案进行，直至生产结束。数字孪生车间在以上三种迭代优化中得到持续的优化与完善。

5.4 生产作业计划

生产作业计划是制造执行系统中最重要也是最复杂的系统。在机械制造业中，它随着车间的类别不同、生产批量不同、车间设备的布局不同而有所差异。

5.4.1 车间工艺布局的划分

一般机械制造业的车间布局分为两种：工艺专业化、对象专业化（流水生产）。

工艺专业化是指车间设备按工艺划分，与加工的零件无关，它们组成车工组、铣工组、磨工组等，或可称为工作中心（work center），零件按工艺要求在它们之间流动，因此车间作业计划就非常重要，这就是国外的"job shop floor"，可用于多品种小批量生产，如图5.3所示。

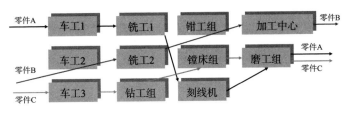

图 5.3　工艺专业化

对象专业化是指车间设备按零部件、产品的工艺要求布置成一条条流水生产线，零部件和产品顺序通过这些生产线，完成不同的工序，这就是国外的"flow shop"，可用于大批量流水生产，如图 5.4 所示。

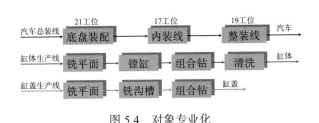

图 5.4　对象专业化

5.4.2　以工艺为对象的车间作业优化排序

车间以工艺为对象，组成若干工作中心（或机床组），每个工作中心有多台相同或相似的机床组成，零件可以分配到这个工作中心内的任意一台机床加工，也就是说同一个时间一个工作中心可以同时加工多种零件。零件按照工艺路线经过多个工作中心完成加工，这是车间作业计划最复杂的情况，计划流程如图 5.5 所示。

从 PLM 系统中可以获取包括物料主数据、物料清单、工艺路线及工时定额、生产准备需求等产品定义数据。从 ERP 系统可以获取包括工作中心、生产线、班组、人员、工厂日历等资源定义数据。从 ERP 的物料需求计划（MRP）可获取车间任务计划，明确生产什么产品，需要的部件和零件数量，投入／产出时间，并对任务执行状态进行维护。接下来根据产品定义中产品的生产准备需求，做出生产准备计划，并检查准备情况，做出调度指令。然后根据车间任务、工艺路线及工时定额、设备、人员的能力数据，编制有限能力计划。

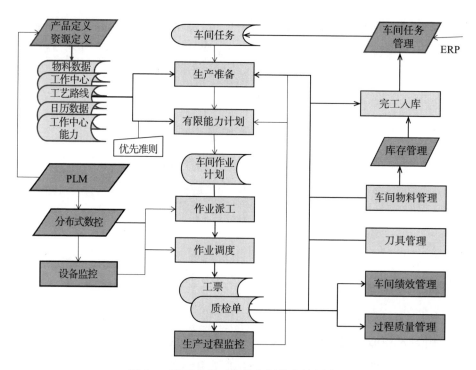

图 5.5　以工艺为对象的车间作业计划流程

大量的理论研究证明，在多目标约束条件下，N 个零件 M 台机床，其作业排序的方案有 $(N!)^M$（N 的阶乘的 M 次方）之多，是一个 NPC 问题，求最优解是不现实的，但用优先级作业排序是可行的。下面介绍基于优先级的作业排序的方法，这是一个基于有限能力的计算机模拟计划。

编制无限能力计划。根据物料需求计划生成的零部件计划开工和完工时间、加工数量、零部件工艺路线和工时定额，不考虑能力约束，从开工时间往后计算每道工序的最早开工和最晚完工时间，同时从完工时间由后往前计算每道工序的最晚完工和最晚开工时间。这是一个无限能力计划，如图 5.6 所示。

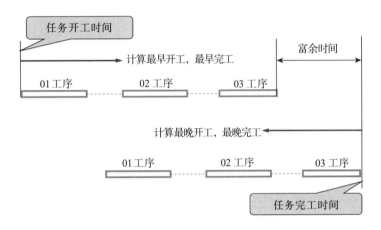

图 5.6　无限能力计划

之后用无限能力计划，向工作中心进行负荷叠加，生成按时间段的负荷图。这时会看到有的时段的负荷高于设备能力，有的低于设备能力，如图 5.7 的左图所示。

优先准则的设计——优先准则随每个企业所处的环境、关注点、追求的目标不同而不同，下面列举部分作业排序的准则。

作业时间最短（Shortest Processing Time，SPT），即作业时间（等待时间 + 加工时间）最短的优先；交货期最早（Earliest Due Date，EDD），即完工期限越紧的作业优先；最小临界比（Smallest Critical Ratio，SCR），即优先选择临界比最小的作业，其中临界比 =（交货期 – 当前期）/ 剩余加工时间；先到先服务（First Come First Served，FCFS），即优先选择最早进入可排工序集合的作业；剩余加工时间最大（Most Work Remaining，MWKR），即优先选择余下加工时间最长的作业；剩余加工时间最小（Least Work Remaining，LWKR），即优先选择余下加工时间最短的作业；剩余工序数最多（Most Operations Remaining，MOPNR），即优先选择余下工序数最多的作业。

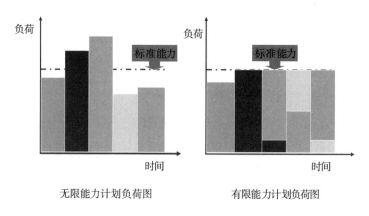

图 5.7　有限能力计划与无限能力计划的负荷图

　　作业排序准则有上百种之多，企业可以按照自己的经验进行选择，也可以组合使用几个准则。

　　作业排序是一个模拟的过程，如图 5.8 所示，W 工作中心有 A02、B03、C03、D04、E02 5 个作业等待加工，每个作业根据优先准则计算出一个综合优先级的值。W 工作中心有 3 台机床都可以承担这些作业。系统设置模拟时钟，首先在等待队列中挑选优先级最高的 C03，其优先级值为 99，分配给机器 1，次高优先级的 B03 分配给机器 2，以此类推 A02 分配给机器 3，下一个待分配的是 E02，这时 3 个机器中机器 2 有空，所以分配给机器 2。如此循环往复，对所有作业进行分配。在排序过程中，要考虑工作中心的一般工艺顺序，即前工序的工作中心先排，末道工序后排。

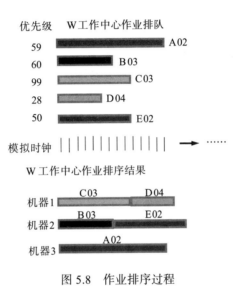

图 5.8　作业排序过程

之后按照排序的结果，生成工作中心负荷分布图，如图 5.7 右侧图所示，由这张图可以衡量每个工作中心的负荷的情况。

5.4.3　流水生产车间作业计划

流水生产车间由若干流水生产线（如汽车生产中的冲压生产线、装焊生产线、涂装生产线、总装生产线）组成，多产品顺序通过这些生产线。拥有这种流水生产车间的企业，在计划层面适宜采用物料需求计划（MRP）与准时生产（JIT）计划相结合的模式；在制造执行层，对于流水生产车间作业计划模式采用准时生产计划模式。计划编制的流程详见图 5.9。

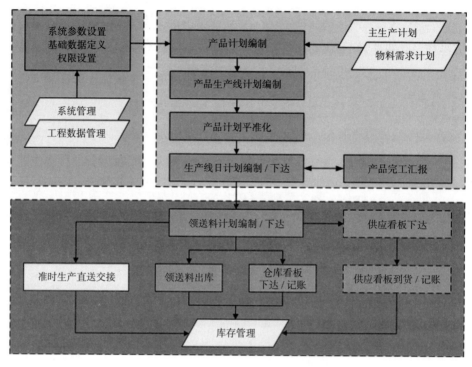

图 5.9　流水生产车间作业计划流程

　　在实践中，不能将精益生产、准时生产、看板管理等同。精益生产的范围大于准时生产的范围，准时生产的范围大于看板管理的范围。精益生产集中于生产过程的整体优化，包括改进技术、理顺物流、杜绝超量生产、消除无效劳动、有效利用资源、降低成本、改善质量，最终达到以最少的投入实现最大产出的目的。这包括经营理念、管理、生产组织、生产计划与控制、作业管理、人员管理在内的一整套理论与方法体系。准时生产侧重于消除一切浪费的生产计划与控制的一整套方法，而看板管理是实现准时生产的重要手段，是传递生产与运送物料信息的工具。另外看板只给最后工序下达生产指令是不准确的，在品种多变，生产周期长的环境下是行不通的。还要注意看板是有库存的，但看板不是万能的，它只对大批量流

水、通用件、低值易耗品有用。此外用准时生产就不需要 MRP 和信息系统
的观点是错误的。

准时生产是将必要的材料和零件，以必要的数量，在必要的时间，送
达至必要的地点，即一切生产活动包括制造、搬运、交货、供应，只有在
需要产生时才发生，是按需求触发和拉动生产的活动。

准时生产按每天或某时间段的计划量组织生产，而不是按离散的加工
批量或任务组织生产。准时生产可以采用拉式计划模式，按生产节拍计算
每条生产线的投入产出时间。在进行在制管理时，准时生产采用倒冲法，
用设置检测点的方式来收集数据。准时生产还能跟踪物料到工位，提供按
生产线工位统计废品的功能。它还支持看板管理，可按照每条生产线的生
产计划生成供应看板和生产看板，支持电子供应。

准时生产计划模型包含的运算很多，主要包括：

1）净需求计算：

子项净需求 = 子项毛需求 + 在制品储备定额 − 可用库存 − 可用在制

子项毛需求 = （父项毛需求 × 消耗定额）×（1+ 组装报废系数）

可用库存 = 现有库存 − 安全库存 − 已分配量

2）生产线投入 / 产出计划：

生产线产出量 = 净需求量

生产线投入量 = 生产线产出量 − 生产线上现有在制量

3）根据生产线的投入量、缓冲时间、生产线节拍，计算每条生产线的投入时间和产出时间：

生产线 N 的产出时间 = 计划产出时间

生产线 N 的投入时间 = 生产线 N 的产出时间 −

　　　　　　　　　（生产线 N 投入量 / 生产线 N 的节拍）

生产线 N−1 的产出时间 = 生产线 N 的投入时间 + 缓冲时间

生产线 N−1 的投入时间 = 生产线 N−1 产出时间 −

　　　　　　　　　（生产线 N−1 的投入量 / 生产线 N−1 的节拍）

依此类推，从后往前计算出每条生产线的投入产出时间，时间可以精确至分钟。通过数据采集点报告实际生产完成情况，动态更新计划，实现闭环控制。所以准时生产的生产线计划是一个有限能力计划。根据这个计划，加上生产线工位物料清单，产生生产线送料计划，就是一个流[⊖]的准时生产计划，它为提高生产效率、减少在制品占用、准时供货提供重要保障。

5.5　机器视觉在生产中的应用

机器视觉是研究用计算机来模拟人的视觉的科学技术，机器视觉系统的首要目标是用图像创建或恢复现实世界模型，然后认识现实世界。机器视觉在制造业中有广泛的应用前景，可分为基于产品空间特征（产品二维或三维的几何特性，如形状、位置、方向、圆度等特征）的检查、基于产品表面品质特征（产品表面凹陷、划痕、裂纹、精度、粗糙度和纹理）的检

⊖　"一个流"是生产管理中的标准术语，表示零部件顺序流经每一个工位。

查、基于产品结构特征（装配正确性性、包装质量等）的检查、机器人视觉（定位、导引、作业）等。

5.5.1　机器视觉系统原理

机器视觉系统的构成如图 5.10 所示，机器视觉的图像处理由图像采集、图像预处理、图像分割和控制执行四个流程组成。

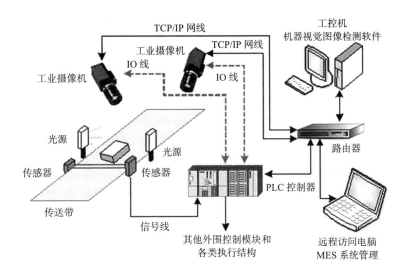

图 5.10　机器视觉系统的构成

1. 图像采集

图像采集装置由被测对象传输和控制的伺服驱动系统、光源、工业摄像机组成。光源和工业摄像机随被检测对象的要求不同而不同，可能是白质灯、红外线、激光或 X 光等。工业摄像机也随光源的不同而有所区别，照相机采集的是单幅的图像，摄像机可以采集连续的现场图像。采集的图像实际上是三维场景在二维图像平面上的投影，图像中某一点的彩色（亮度和色度）是场景中对应点彩色的反映，这就是我们可以用采集图像来替代真实场景的根本依据所在。

如果工业摄像机是模拟信号输出，需要将模拟图像信号数字化后交给计算机处理。现在大部分摄像机都可直接输出数字图像信号，免除模数转换这一步骤。不仅如此，现在工业摄像机的数字输出接口也是标准化的，如 USB、VGA、1394、HDMI、Wi-Fi、蓝牙接口等，可以直接送入计算机进行处理，以免除在图像输出和计算机之间加接一块图像采集卡的麻烦。后续的图像处理工作往往是由计算机或嵌入式系统以软件的方式进行。

2. 图像预处理

对于采集到的数字化的现场图像，由于受到设备和环境因素的影响，往往会受到不同程度的干扰，如噪声、几何形变、彩色失调等，都会妨碍接下来的处理环节。为此，必须对采集图像进行预处理。常见的预处理包括噪声消除、几何校正、直方图均衡等处理。通常使用时域或频域滤波的方法来去除图像中的噪声，采用几何变换的办法来校正图像的几何失真，采用直方图均衡、同态滤波等方法来减轻图像的彩色偏离。总之，通过这一系列的图像预处理技术，对采集图像进行预处理，为后面的图像分析提供合格的图像。

3. 图像分割

图像分割就是按照不同的应用要求，把图像分成各具特征的区域，从中提取出感兴趣的目标。在图像中常见的特征有灰度、色彩、纹理、边缘、角点等。图像分割多年来一直是图像处理中的难题，至今已有种类繁多的分割算法，但是效果往往并不理想。近来，人们利用基于神经网络的深度学习方法进行图像分割，其性能胜过传统算法。

4. 控制执行

（1）目标识别和分类

在制造或安防等行业，机器视觉都离不开对输入图像的目标进行识别和分类处理，以便在此基础上完成后续的判断和操作。识别和分类技术有很多相同的地方，常常在目标识别完成后，目标的类别也就明确了。近来的图像识别技术正在跨越传统方法，形成以神经网络为主流的智能化图像识别方法，如卷积神经网络（CNN）、回归神经网络（RNN）等一类性能优越的方法。

（2）缺陷识别和判定

缺陷识别和判定首先要建立缺陷判定的标准，对于高精度定量检测（例如机械零部件的几何尺寸和位置测量）的对象，直接输入尺寸公差和实测值对比，就可以做出缺陷判定。对于定性或半定量检测（例如产品的外观检查、装配质量、包装质量、印刷质量）的对象需要建立样本标注，将经过图像识别和分类的目标图像与标准样本进行模糊比对，从而做出缺陷判定。

（3）检出执行

根据缺陷识别和判定，PLC 控制系统发出指令，由执行机构剔出或进行分类处理。

5.5.2　机器视觉在制造业中的应用

机器视觉在制造业有广泛的应用，下面列举八个方面的应用。

1. 机器视觉在印刷线路板生产中的应用

印刷线路板（PCB）是电子信息产品最主要的产品载体，在 PCB 行业发展相对成熟的今天，行业竞争日趋激烈，对高性能设备的综合制造能力要求也越来越高。多层板制造技术的发展对 PCB 生产工艺提出了更高的要求，在 PCB 板制造过程中机器视觉技术得到广泛应用，在菲林 AOI、PCBAOI、PCBAVI、内层板 AXI、PCB 丝网印刷、自动曝光机、SPI、打孔机等设备中，机器视觉定位、检测等视觉技术可实现快速精准的质量检测和过程控制，提高产品质量和生产效率，是设备性能提升的可靠保证。

2. 机器视觉在触摸屏生产中的应用

随着技术的发展，人们对电子产品交互体验的要求越来越高，触摸屏作为新一代电子产品输入设备正逐步成为平板计算机、手机、电子书、GPS、游戏机等设备的新宠。触摸屏的生产工艺复杂，从上游的 ITO 玻璃镀膜、光刻、IC 组件加工，到中游的触摸屏模组贴合、丝网印刷、切割，再到下游的触摸屏模组贴合、盖板玻璃检测，都对工艺提出更高要求，使机器视觉技术成为相关环节生产和质量检测的必要技术。

3. 机器视觉在表面组装技术中的应用

表面组装技术（SMT）是指在 PCB 基础上进行加工的一系列工艺流程。电子元器件小型化、器件贴装高密度化、器件管脚阵列复杂化和多样化都对现代 SMT 设备提出更高的要求。通过运用机器视觉的定位、测量、检测技术，能够提升 SMT 设备的生产效率、提高贴装精度高以及提升连续工作稳定性，助力 SMT 行业的设备升级。

4. 机器视觉在智能产品中的应用

机器视觉在面向工业领域的智能工业机器人中的应用有多关节机械手或多自由度的机器人，它们在工业生产中替代人工执行单调、频繁、长时间的作业，或是危险、恶劣环境下的作业，如冲压、压力铸造、热处理、焊接、涂装、塑料制品成形、机械加工和简单装配等工序，是现代工厂自动化水平的重要标志。在冲压行业，冲压机械手与机器视觉技术结合，视觉引导机械手能完成更精准的组装、焊接、处理、搬运等工作。在无人驾驶汽车中，机器视觉通过摄像头、激光探测、雷达、红外传感器识别车辆周围的障碍物，确定汽车在道路中的方向和位置，做出科学、安全的行驶决策。

5. 机器视觉在制药生产中的应用

药品的生产和加工过程是非常严格的，任何微小的差错都有可能造成严重的后果。通过机器视觉手段实现对药品生产过程的质量控制和管理控制，如对药片外形、计数、包装质量进行监控，可以提升药品质量和包装质量，保障患者的生命安全。

6. 机器视觉在产品表面质量检测中的应用

机器视觉可以进行基于产品表面品质特征的检查，通过机器视觉对产品表面凹陷、划痕、裂纹以及磨损的检查或对表面精度、粗糙度和纹理的检测，对产品进行有效的评估或分级。

7. 机器视觉在汽车车身检测中的应用

汽车车身轮廓尺寸精度的在线检测，是机器视觉系统用于工业检测中的一个较为典型的例子，该系统由测量单元组成，每个测量单元包括一台激光器和一个CCD摄像机，用以检测车身外壳上的多个测量点。汽车车身置于测量框架下，通过软件校准车身的精确位置，快速检测出车身的轮廓尺寸。系统将检测结果与从CAD模型中导出来的合格尺寸相比较，得出检测结论。系统能判别关键部分尺寸的一致性，如车身整体外型、门、玻璃窗口等，大大提高了检测的效率。

8. 机器视觉在质量追溯中的应用

现代工业生产物流管理是现代化生产效率和先进性的体现，通过对条码和字符码的识别和跟踪，能够形成原材料器件、半成品、产成品、包装箱之间的一一对应，使现代生产具备可管理、可追溯性。对于工业品的生产工艺管理和器件追溯，以及食品饮料防串货和安全追溯和汽车行业的零部件追溯有着非常重要的应用意义。

5.5.3　机器视觉的优势

在工业生产的过程中，机器视觉相对于人眼识别有较大优势。机器视觉具有自动化、客观性、非接触性和高精度等特点，特别是在工业生产领域，机器视觉强调生产的精度和速度，以及工业现场环境下的可靠性与安全性，在重复和机械性的工作中具有较大的应用价值。

1）精确性。由于人眼受物理条件的限制，机器在精确性上有明显的优势。即使人眼依靠放大镜或显微镜来检测产品，机器仍然会更加精确，特别是在检测生产线上高速运动的物体时，机器视觉更具优势。

2）重复性。机器可以以相同的方法多次完成检测工作而不会感到疲倦。与此相反，人眼每次检测产品时都会有细微的不同，即使产品是完全相同的。

3）客观性。人眼检测有一个致命的缺陷，就是情绪带来的主观性，检测结果会随工人心情的好坏产生变化，而机器没有喜怒哀乐，检测的结果自然非常客观可靠。

4）效率高。机器视觉系统可以快速获取大量信息，实现更为快速的产品检测，同时也易于加工过程中的信息集成，尤其是在大批量工业生产过程中，用人工视觉检查产品质量效率低且精度不高，用机器视觉检测方法可以大大提高生产效率和生产的自动化程度。

5）成本低。由于机器比人快，一台自动检测机器能够承担多人的任务。另外，机器能够连续工作，所以能够极大地提高生产效率从而降低生产成本。

5.6　人工智能在生产工艺过程优化中的应用

在机械制造业中，生产工艺是买不来的核心技术，它决定了生产零部件和产品的质量、效率、成本。所以将人工智能技术应用于生产工艺过程，实现工艺创新是制造业的不懈追求。在前面的章节中，从理论上讲述了在数字孪生车间规划设计阶段通过对虚拟车间所有工艺装备的不同层级建模，利用仿真技术、虚拟现实或增强现实技术，进行不同层级的工艺过程模拟仿真，发现设计的缺陷，迭代优化物理车间的设计。同时从数字孪生车间的生产要素管理的迭代优化、生产活动计划的迭代优化、生产过程控制三个方面阐述数字孪生车间的运行机制，这里要从机械制造业中的铸造技术和热处理技术出发，介绍生产工艺过程优化的实际应用。

5.6.1　人工智能在铸造生产中的应用

铸造技术是制造技术的重要分支，铸造技术正在向更轻、更薄、更精、更强、更韧、成本低、周期短、质量高的方向发展。人工智能技术在铸造生产中可以应用于标准材料的配炉设计、创新合金设计、铸造工艺设计、熔炼炉控制、缺陷诊断、智能检测等方面。

1. 标准材料的配炉设计

我国对铸铁材料制定了严格的化学成分、物理性能、金相组织等一系列标准，这些标准就是冶炼这些材料追求的目标值，再根据各种炉料的合金含量、熔炼炉的类型、合金的烧损值、工艺参数并通过计算机程序求解合适的配料量。但这只是一个理论值，由于受到各种不确定因素的影响，还需要进行炉前光谱分析、试件实验等，添加适量的合金元素，以期达到目标值。每一次熔炼的炉料配比、工艺参数和最终达到的化学、物理和合金相的结果，构成一个样本。就这样在多次实验中实现迭代寻优，使标准材料的熔炼优质且低耗。

2. 创新合金设计

创新合金设计是一门综合学科，它必须依据合金在服役条件下的机械性能、物理性能。合金从生产到制成产品需要借助如铸造、锻造、焊接、切削加工等工艺过程。由此可见，合金设计是通过合金成分和组织的严格控制与合理配合而获得预期性能的综合结果。

创新合金设计有很多种方法，如汤川宏（Hiroshi Yukawa）和森永正彦（Masahiko Morinaga）等人利用变分原子簇法计算一些金属间化合物和合金的电子结构，以及其轨道能级和键级，并将它们应用于合金设计。此外，利用热力学的特征数据可以进行合金相的设计和计算，也可以根据振动自由能从头计算来预测合金相图，还可以利用模糊分析方法来实现复相材料的设计，即通过确定复相材料组织参量对性能的隶属函数，并运用模糊线性加权变换来完成对性能的分析与评判。此外还可以使用经验法和半经验法、蒙特卡洛法、有限元法等，其中最值得推荐的是人工神经网络法。

人工神经网络法在合金设计中的应用

合金设计涉及材料的组分、工艺、性能之间的关系，但这些内在的规律往往不甚清楚，难以建立精确的数学模型。人工神经网络具有很强的自学习能力，能够从已有的试验数据中获取有关材料的组分、工艺和性能之间的规律，因此特别适用于合金设计，这就为材料的研究提供了一条有效的新途径。它不需要预先输入材料的成分、工艺，输出材料的性能要求和它们之间存在的某种内在联系，便可以进行训练学习，并达到预测的目的，这是材料设计中其他方法难以比拟的。若设计目标如力学性能可用 $Y=[Y_1 Y_2 \cdots Y_m]^T$ $(Y \in R^m)$ 表示，其相关因素如化学成分、显微组织用 $X=[X_1 X_2 \cdots X_m]^T$ $(X \in R^n)$ 表示，目的就是要找出一个从 R^n 至 R^m 的映射关系，使得 $Y = F(x)$。由于该映射为非线性映射，各相关因素对设计目标的比重不同，因此可用人工神经网络的 BP 算法解决该问题。BP 算法的基本思想是，学习过程由信号的正向传播与误差的反向传播两个过程组成。正向传播时，输入样本从输入层传入，经各隐层逐层处理后，传向输出层。若输出层的实际输出与期望的输出不符，则转入误差的反向传播阶段。误差反向传播是将输出误差以某种形式通过隐层向输入层逐层反向传播，并将误差分摊给各层的所有单元，从而获得各层单元的误差信号，此误差信号即作为修正各单元权值的依据。这种信号正向传播与误差反向传播的各层权值调整过程是周而复始地进行的，权值不断调整的过程也就是网络的学习训练过程。此过程一直进行到网络输出的误差达到目标值。BP 网络的可靠性和应用性已在广泛使用中得到证实。基于 BP 网络的材料性能预测模型如图 5.11 所示。

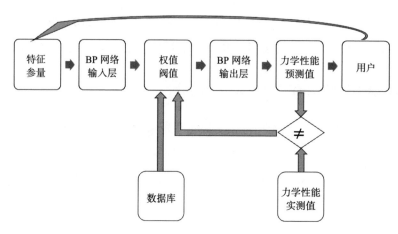

图 5.11　基于 BP 网络的材料性能预测模型

相关因素与 BP 网络的输入层对应，它可以是材料的成分、各种工艺条件等。隐层的神经元是模拟人工神经网络计算过程建立起来的，它能将各种材料的化学成分和工艺参数等数据抽象到较高层次的概念上，使神经网络具有非线性分类的能力。BP 网络通过前向计算可得到输出层的输出数据，该数据则与设计目标相对应。BP 网络的权值以数据文件的方式存储，其数值是利用反向传播学习算法修正 BP 网络的实际输出与期望输出的误差值得到的。这种算法在多种合金材料性能预测中得到成功应用。

3. 铸造工艺设计

铸造工艺设计一般流程包括：

❑ 铸件建模设计——接收用户的零件图或三维设计的零件模型，使用 CAD 三维设计软件，构建三维铸件模型，初步制定铸造工艺、浇冒口、分型面、浇注系统等，根据三维实体模型计算铸件重量和不同部位的模数进行工艺分析和报价。

❑ 铸造工艺详细设计——在初步设计基础上，进行详细设计。冒口的主要作用是达到补缩的目的，因此必须满足以下基本条件：凝固时间应大于或等于铸件的凝固时间；有足够的金属液补充铸件；与铸件上被补缩部位之间必须存在补缩通。浇注系统是金属液流入铸型型腔的通道，是控制铸件质量的关键因素之一。首先要确定浇注时间，从而可以计算浇注流量，其次要确定浇口的位置、尺寸，还要计算横浇道、直浇道形状、尺寸，最终才能完成浇注系统设计。

❑ 铸造工艺的模拟仿真——经过多年的研究，铸造过程的宏观模拟和微观模拟都已经非常成熟，形成了一批商品化软件如 MAGMA、PROCAST、DEFORM、CASTCAE 及中国的铸造之星（FT—STAR）等。将上述铸造工艺设计输入铸造工艺模拟软件，利用系统的网格剖分模块进行有限差分网格剖分，可以在生产中取得显著的经济及社会效益。

铸造工艺的模拟仿真软件可设定三类模拟参数，一是材料定义，如设计铸件、冒口、浇注系统等各部分所用的材料、浇注温度、液相临界温度和固相临界温度；二是热物性参数，如热传系数（它是用来描述一种介质到另一种介质在界面处的传热量系数）；三是充型、凝固定义，如充型可选择由压力、浇注速度、时间来限定，再确定相应的充型时间和方向。

铸造工艺的模拟仿真软件同时还能浇注和凝固模拟即根据浇注系统的模型和设定的模拟参数，进行浇注凝固模拟，观察内部充型、凝固过程及缺陷可能产生的位置。结果显示包括充型压力、速度、温度和示踪粒子，以及凝固过程中固相、液相分数，温度及其判据，从而发现设计缺陷，改进设计方案，再次进行模拟，迭代优化直到满意。

由此可见，人工智能技术在铸造生产中大有可为，无论是在标准材料的配炉优化、冶炼参数的优化，还是创新材料的开发、铸造工艺的模拟仿真中都发挥了重要的作用，对提高铸件合格率、质量、缩短生产周期、减低生产成本都有很大帮助。

5.6.2　人工智能在金属热处理中的应用

在机械制造中，金属热处理是保证零件的内在质量，提高其承载能力、使用寿命和可靠性的关键工序，但热处理过程中工件内部的传热、扩散、相变、内应力与应变以及工件与周围介质之间的换热或界面上的化学反应等一系列复杂的现象不可能被直接观察和测量。在传统的热处理技术中，只能用经验的方法或半经验的方法对上述种种复杂现象作定性的估算，难以做到热处理质量的精确控制，以致常常出现零件的使用可靠性得不到保证，或者因没有充分发挥材料的潜力而增加产品的重量和体积等不良后果，所以金属热处理问题已成为整个制造业水平发展的瓶颈。

多年来该领域的专家一直在研究如何建立数学模型，借助计算机强大的计算和模拟能力，揭示加热或冷却过程中温度场—相变—应力场三者耦合的数学关系，以提高热处理的技术水平。

南京理工大学攀新民教授等人，应用人工神经网络技术，在金属热处理中预测钢的过冷奥氏体等温转变（TTT）曲线、过冷奥氏体连续冷却转变（CCT）曲线、马氏体转变（Ms）点、淬透性曲线等方面的研究卓有成效。人工神经网络具有自学习功能，能从实验数据中自动获取数学模型。它无须预先给定公式的形式，而是以实验数据为基础，经过训练后获得一个反映实验数据内在规律的数学模型，训练后的神经网络能直接进行推理。神经网络在处理金属热处理这种规律不十分明显、组分变量多、影响因素十分复杂的问题方面具有特殊的优越性，可以在预测钢的等温转变曲线、连续冷却转变曲线、Ms 点和淬透性曲线等方面取得很好的效果。

1. TTT 曲线和 CCT 曲线的预测

TTT 曲线综合了过冷奥氏体在不同过冷度下等温转变的过程，即转变开始和终了时间，转变温度和转变量与温度和时间的关系。TTT 曲线一般通过实验测定，对于给定的合金，预测 TTT 曲线图的位置和形状几乎是不可能的。苏达卡尔·M. 雷迪（Sudhakar M. Reddy）采用多层 BP 网络实现了 TTT 曲线的预测。他使用 4 层 BP 网络，合金元素 C、Mn、Ni、Cr、Mo 的含量和奥氏体化温度 TA 作为网络的输入，奥氏体转变开始和终了时间作为网络的输出，中间隐层的单元数分别为 10 和 20。在 550 ~ 770℃之间以 25℃为间隔建立了 7 个网络，训练后的网络分别用来预测 7 个温度的奥氏体转变开始和终了时间，将这些点连接起来就是 TTT 曲线。一般来说，合金元素含量增加和奥氏体晶粒尺寸增大总是推迟转变时间，所建立的神经网络能用来研究单个合金元素含量变化对 TTT 曲线的形状和位置的影响。等温转变图反映的是 TTT 的规律，可以直接用来指导等温热处理工艺的制定。但是，实际热处理常常是在连续冷却条件下进行的，如普通淬火、正火和退火等。虽然可以利用等温转变图来分析连续冷却时过冷奥氏体的转变过程，然而这种分析只能是粗略的估计，有时甚至可能得出错误的结果。实际上，在连续冷却时，过冷奥氏体是在一个温度范围内发生转变的，几种转变往往重叠出现，得到的组织常常是不均匀且复杂的。这时采用 CCT 曲线进行分析更合适。但由于连续冷却转变比较复杂和测试上的困难，还有许多钢的 CCT 图没有测定。研制新钢种时，测定其 CCT 曲线是一项既需要时间，又需要资金的工作。此时便可用人工神经网络方法建立 CCT 图，研究含碳量和冷却速率对 CCT 曲线的影响。所用的神经网络有 12 个输入单元，分别输入奥氏体化温度、C、Si、Mn、Cr、Cu、P、S、

Mo、V、B 和 Ni 的含量。一个具有 12 个神经元的隐层，输出层输出 128 个数据的网络选择了 151 个 CCT 图来训练神经网络。试验钢材料成分质量分数（w%）为：0.4Si、0.8Mn、1.0Cr、0.003P、0.002S、含碳量在 0.1 ～ 0.6 之间变化。用训练好的网络预测了试验钢材的 CCT 图。结果表明，随着含碳量增加，铁素体、贝氏体和马氏体转变开始的温度降低，但含碳量对珠光体转变结束温度的影响小。含碳量延长了铁素体形成孕育期，但加速了珠光体生长动力学。预测的结果与热力学模型结果相符，说明人工神经网络方法是可靠和有效的。

2. Ms 点的预测

Ms 点是热处理中的重要相变点。Ms 点的高低主要受合金元素的影响，奥氏体温度和晶粒大小的影响较小，可以忽略。已经建立了许多 Ms 点的计算公式，但这些公式只反映了合金元素对 Ms 点的线性影响，没有考虑合金元素相互作用。有专家建立了预测含钒钢 Ms 点的人工神经网络。网络的输入是 C、Si、Mn、P、S、Cr、Mo、Al、Cu、N 和 V 的含量，共 12 个输入单元，输出 Ms 点 1 个单元。为确定中间层的单元数，选择了 n 个不同的单元数。从 164 个含钒钢中取 144 个作为训练数据。20 个用来判定网络的有效性，最终确定 $12 \times 6 \times 1$ 的网络最好。使用相同的数据，将最好的网络预测结果与一些线性回归公式和偏最小二乘法回归公式进行了比较。结果表明神经网络的预测精度比线性回归公式的精度高 3 倍，比偏最小二乘法回归公式的精度高 2.5 倍。神经网络还可以用来分析元素交互作用的影响，例如，低含 Mn 量与高含 Mn 量相比，一定量的含碳量对 Ms 点的影响较大。

3. 其他热处理预测

人工智能技术在制造业工艺过程优化方面的应用非常广泛，在铸造生产的标准材料配炉优化、创新材料的开发、铸造工艺的优化设计与模拟、金属热处理中工艺参数优化，都发挥了很好的作用。另外人工神经网络还用于淬透性曲线的预测、奥氏体形成和力学性能的预测。

在各种各样的优化算法中，人工神经网络的算法在处理规律不十分明显、变量多、影响因素十分复杂的问题方面具有特殊的优越性。人工神经网络以实验数据为基础，无须预先给出精确的计算公式，就能从实验数据中自动获取数学模型，是一种不断自我优化的机器学习的方法，具有广泛的实用性。

5.7　人工智能技术在 3D 打印中的应用

增材制造（Additive Manufacturing，AM）俗称 3D 打印，它是融合了计算机辅助设计、材料加工与成形技术，以数字模型文件为基础，通过软件与数控系统将专用的金属材料、非金属材料以及医用生物材料，按照挤压、烧结、熔融、光固化、喷射等方式逐层堆积，制造出实体物品的制造技术。相对于传统的减材制造及对原材料进行切削加工、组装的加工模式不同，3D 打印是一种自下而上、从无到有的制造方法。这使得过去受到传统制造方式约束而无法实现的复杂结构件制造变为可能。

自 1986 年，美国科学家查尔斯·胡尔（Charles Hull）获得 SLA 技术发明专利，并成立全球首家增材制造的公司 3D Systems 开始，3D 打印产业拉开了帷幕，经过 35 年的发展已经成为一门集产品设计、材料设计、加工装备、制造工艺完整产业链的成熟技术，它引发了制造业一场革命性的变革，产生了不可替代的优势。

1）3D 打印开辟了个性化定制的新时代。3D 打印实现了任意材料、任意批量、任意复杂结构、任意场合、任意工业领域都可以使用的新技术。只要有想法、有创意，3D 打印就能将其打印实现，开辟了个性化定制的新时代。这种新的制造方式可免除制造刀具、夹具和模具的生产准备过程，直接进行产品加工，如此一来便能降低加工成本，缩短产品设计制造周期，为产品更新换代提供强有力的工具。

2）3D 打印为产品创新设计提供了无限空间。基于人工智能的 3D 打印设计软件，在满足零件几何尺寸和物理性能的条件下，其零件内部结构可以是蜂窝结构、藤蔓结构、树根结构等，而这在传统制造工艺是无法想象的。它能最大限度地减轻零件重量，提高机器性能，节约材料和加工时间。

3）3D 打印为材料的创新提供广阔的前景。使用 3D 打印技术可以实现材料的创新设计。应用人工智能技术可以建立各种合金成分、工艺参数与力学、晶像组织之间的关系模型，做出各种创新合金的模拟，找到理想的合金成分和工艺参数，此外还可以进行生物材料的创新设计。

5.7.1 基于 3D 打印的创新设计

通常为了让设计的模型能够进行 3D 打印，技术人员必须使用 3D 打印建模软件来处理模型，这些 3D 打印建模程序将越来越多地包含人工智能因子，以帮助人们创建出最佳的 3D 打印模型。例如 3D Systems 公司的 3DXpert 15，它利用 AI 技术自动创建全新的支撑结构的几何模型，通过预设的晶格库，进行支撑件的晶格设计，构建 3D 打印模型。模型经过模拟仿真分析（包括力学仿真以及零件的打印可行性仿真），帮助用户优化设计，并最大限度地减少试验次数。3D 打印的建模和仿真解决了复杂零件的建模过程，确保打印成功。3D 打印样件如图 5.12 所示。

图 5.12　3D 打印样件

5.7.2　基于 3D 打印的材料设计

正如前文所述，与应用 AI 技术进行铸造材料的创新设计一样，增材制造中的材料创新设计有着更广阔的空间。西安交通大学著名增材制造专家卢秉恒院士在报告中提到：增材还可以走向创材，并从创材走向创生，打印可以制造降解材料的人体器官。另外，3D 打印正处于从 3D 走向 4D、5D 的发展趋势，打印时使用智能材料，打印完成后改变温度或者加上磁场等其他作用，可以使最后的成品形态与打印初始形态不同。

5.7.3　人工智能技术在 3D 打印质量控制中的应用

正如机器视觉在生产中的应用一样，机器视觉也可以在 3D 打印过程中监测打印质量，优化反馈，从而提高打印质量。

通用电气位于纽约的 GE 实验室开发了一种计算机视觉技术，该技术可以发现打印过程中的机器零件出现的细微裂纹，通过机器学习，分析原因，对工艺参数进行调整，从而提高打印质量。

　　总之，增材制造这一颠覆性技术与人工智能技术的融合创新，必将为制造业的转型升级提供强有力的支持。

人工智能技术在客户服务中的应用

由于生产要素成本的不断增加，客户个性化服务要求越来越高，新一代信息技术如工业互联网、大数据、人工智能的快速发展，推动了传统制造业向制造业服务化转型。制造业服务化转型的内容非常丰富，大致可概括为以下四个方面：

- 一是基于产品设计的增值服务。产品设计服务是提高产品附加价值，提高产品品牌价值的重要手段，主要包括产品功能设计、外观设计、以消费者为中心的个性化定制设计、基于互联网的协同设计以及"众创"设计等。

- 二是基于提高产品效能的增值服务。智能产品通过物联网、互联网实现远程诊断服务、远程在线服务，并通过维修知识库实现预防性维护。

- 三是基于产品交易便捷化的增值服务。该增值服务包括多元化的金融服务，如买方信贷、融资租赁、供应链金融服务；精准化供应链

管理服务，如备品备件供应、供应商管库房、专业物流服务等；便
捷化的电子商务服务，如网上销售、电子采购、期货采购等。

☐ 四是基于产品集成的增值服务。该增值服务包括从提供单机的服务
向系统集成、工程总承包、交钥匙工程，转变为提供专业化的整体
规划和运营服务，还能按照客户需求，提供从设计、规划、制造、
施工、培训、维护、运营一体化的集成服务和解决方案。

本书主要就基于工业互联网的服务模式和基于语音识别的客户服务机
器人进行论述。

6.1　在线智能服务系统的总体框架

在线智能服务系统由通信连接服务、在线云服务平台、客户服务端组
成，如图 6.1 所示。

6.1.1　通信连接服务

要对所有产品提供在线服务，首先要将这些装备产品链接起来，在产
品装备基本智能化的基础上，通过传感器、嵌入式系统，获取装备运行的
参数，这些运行参数按照数据提取策略，经过筛选，提取有用数据，利用
CDMA/GPRS/UMTS 等通信手段，将这些数据上传至在线云服务平台和企
业自身的 ERP/SRM/CRM/MES/PLM 等系统，外部数据也要与在线服务系
统集成。安全的虚拟专用网络（VPN）能够保证这些数据传输过程中的隐
私。另外，还可以通过 VNC/RDP/SSH/HTTP，对远程装备进行管理和控
制。总而言之，通信服务是一个端到端监控服务并通知客户、一站式计费
并报告所有连接和 IP 服务、进行自我管理的门户。

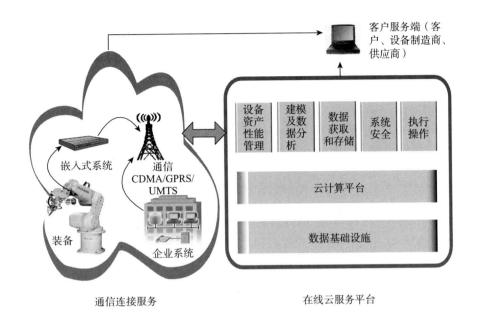

图 6.1　在线智能服务系统的总体框架

6.1.2　在线云服务平台

在线云服务平台由数据基础设施、云计算平台和应用系统组成。云平台具有计算资源共享、管理方便、降低初始投资、满足不同业务需求、快速开发应用、降低风险等优势。应用系统包括设备资产性能管理（Asset Performance Management，APM）、建模及数据分析、数据获取和存储、系统安全、执行操作等。

1. 设备资产性能管理

设备资产性能管理是在线服务的核心，其功能包括设备（产品）技术档案的创建和存储、管理资产的属性、产品全生命周期的维修记录、维修知识库等。设备资产性能管理能够进行在线远程监控、诊断和维护，从而实现预防性维修（Preventive Maintenance，PM）、预测性维修（Predictive Maintenance，PdM）、环境健康和安全（Environment Health Safety，EHS）管理、设备运行绩效的管理等。

预防性维修是指有计划的定期设备维护和零配件更换，通常包括保养维护、定期使用检查、定期功能检测、定期拆修、定时更换等几种类型。

预测性维修是通过各种传感器在线采集设备的运行状态，使用不同的分析模型，分析和判断设备的劣化趋势、故障部位、故障原因并预测变化发展的趋势，提出防范措施，防止和控制可能的故障出现。这也是现在最流行的维修方法。

EHS管理是一种应用质量体系方法来管理EHS活动的过程。这种方法是一个循环的过程，即规划、实施、评价和调整的PDCA循环过程。这里从设备资产在线管理的角度，通过一系列的仪表、传感器来采集设备运行过程中有关环境和健康的参数，与标准值进行对比并进行趋势分析，从而发现和改善EHS的指标，防范健康和安全事故的发生。

设备运行绩效的管理，就是实际的生产能力相对于理论产能的比率，其最重要的目的就是帮助管理者发现并减少一般制造业存在的六大损失，包括停机损失、换装调试损失、暂停机损失、减速损失、启动过程次品损失和生产正常运行时产生的次品损失。采集这些指标，找出影响效率的因素，就能优化运行绩效。

2. 建模及数据分析

在线云服务系统通过物联网与设备资产链接，获取大量设备实时运行数据，监测设备运行状态，进行故障诊断，对运行状态进行预测，在维修知识库和专家系统的支持下做出维修决策。图 6.2 说明预测性维修所需的模型和分析方法。

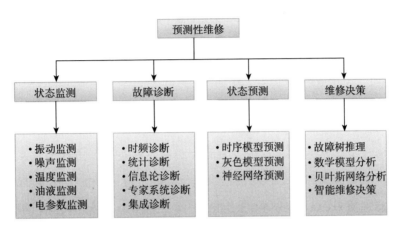

图 6.2　预测性维修的技术体系

（1）状态监测技术

状态监测技术随设备资产的不同而不同，找到相应的状态监测方法，通过传感器采集这些状态信息，上传至在线云服务系统。状态监测的方法依据状态检测手段的不同而分成许多种，常用的方法包括振动监测法、噪声监测法、温度监测法、油液分析监测法、电参数监测法等。

（2）故障诊断技术

故障诊断有着非常重要的意义。按照诊断的方法原理，故障诊断可分为时频诊断法、统计诊断法、信息理论诊断法、专家系统诊断、集成诊断法等方法。

（3）状态预测技术

状态预测就是根据装备的在线监测数据，来评估系统、部件、零件的当前状态并预计未来的状态。状态预测常用的方法是时序模型预测法，即利用时间序列，应用数理统计方法（如指数平滑、回归分析）加以处理，以预测未来事物的发展。此外还有灰色模型预测法和神经网络预测法等方法。

（4）维修决策支持与维修活动

维修决策是从人员、资源、时间、费用、效益等多角度出发，根据状态监测、故障诊断和状态预测的结果进行维修可行性分析，制订维修计划，确定维修保障资源，给出维修活动的时间、地点、人员和内容。维修决策的制定方法一般有故障树推理法、数学模型解析法、贝叶斯网络分析法和智能维修决策法等。

3. 数据获取和存储

通过传感器和嵌入式系统能够获取设备运行数据和状态监测数据，从企业的研发设计系统和企业经营管理系统能获取产品设计数据、生产数据、质量跟踪数据、历史数据、供应商数据。这些数据可分为结构化、非结构化和半结构化的数据，经过特殊工具的处理可变成可识别、易管理的数据，按照数据获取的策略进行数据清洗，去除冗余的数据，并放置在云数据库供分析利用。

4. 系统安全

在线智能服务系统的在线云服务平台连接千家万户的设备，信息安全至关重要。系统安全首先按照我国 GB/T 22239—2019《信息安全技术网络安全等级保护基本要求》及相关的安全等级保护指南、定级指南、测评要求等系列标准执行。

在线云服务平台的信息安全分为终端安全、账号管理、身份认证、访问控制、操作安全、操作审计、数据安全几个层面。

❑ 终端安全——远程接入使用的终端应根据公司的办公设备使用管理规定，在域控接入、策略配置、反病毒终端的部署上都要满足远程接入的安全需求。对于允许使用个人PC或移动设备接入的员工，应安装公司要求的反病毒终端以及远程准入客户端。

❑ 账号管理——需要通过VPN拨入办公网络的员工应首先提交远程访问的申请，申请中至少包括申请原因、所需权限、部门负责人的审批，对于临时开通的账号应按需设置账户过期时间。分配的账号需要遵循如下原则：强制的密码复杂度策略、强制的密码过期时间、账户失败锁定次数、设置强制开启双因素认证等。

❑ 身份认证——身份认证技术是在计算机网络中确认操作者身份的过程而产生的有效解决方法，作为访问控制的基础，是解决主动攻击威胁的重要防御措施之一。认证方法包括基于信息秘密的身份认证、基于信任物体的身份认证和基于生物特征的身份认证。

❑ 访问控制——访问控制是按用户身份及其所归属的某项定义组来限制用户对某些信息项的访问，或限制对某些控制功能的使用的一种技术，访问控制通常用于系统管理员控制用户对服务器、目录、文件等网络资源的访问。

❑ 操作安全——运维服务器环境通过堡垒机实现服务器的安全运维，所有变更操作都必须有通过审批的变更申请单，所有操作遵循标准作业流程（SOP）。

❑ 操作审计——设备能够对字符串、图形、文件传输、数据库等全程操作行为审计,通过设备录像方式实时监控运维人员对操作系统、安全设备、网络设备、数据库等进行的各种操作,对违规行为进行事中控制。操作审计能够对终端指令信息进行精确搜索和录像精确定位,可用于安全分析、资源变更追踪以及合规性审计等场景。

❑ 数据安全——数据安全治理以"数据安全使用"为愿景,覆盖安全防护、敏感信息管理、合规性三大目标。通过对数据的分级分类、使用状况梳理、访问控制以及定期的稽核,实现数据的使用安全。

5. 执行操作

在服务合同允许的条件下,根据运行状态,经过决策分析,可以对设备进行优化控制,还可通过故障诊断,确定维修策略,派遣维修人员现场维修,或者提示用户进行维修或保养。

6.1.3 客户服务端

客户服务端服务于客户、设备制造商和供应商,完成各自的服务任务。

客户能够使用除企业数据外的全部在线服务平台的功能,包括在线监测设备运行状态、故障检测、预测性维修、维修记录等。同时还能向设备制造商、供应商提出服务请求。设备制造商可以使用在线服务平台全部功能。对供应商来说,服务平台向供应商提供它所供应的零部件和系统的使用状况、故障、质量信息及备品备件库存。此外,还会向供应商发出维修请求、备件供应、质量问题索赔等。

这项技术在国内外都有很多成熟的应用,如 GE 公司的 Predix 工业互联网平台,三一重工的树根互联,徐工信息的汉云工业互联网平台等。

6.2　智能语音客服机器人

在以客户为中心的时代，为客户提供满意的服务是每一个企业的追求，多数企业会有 400 客户电话，雇用大批客户服务的话务员，做好售前咨询和售后服务。但人工客服运行成本高，工作效率低，用户体验差。运行成本高意味着消耗大量人力资源，硬件资源开销非常大，且需要定期升级更换。在互联网快速发展的背景下，客服人员需要掌握的专业知识量将会迅速增长，培训费用也会变高，这都增加了系统的运行成本。再有服务人员的专业知识素养以及工作经验会影响客服系统的工作效率，用户数量增加会导致客服人员的工作量变大，从而降低系统工作的效率，而在晚间闲时段，用户咨询量减少，却仍占据着工作人员的工作时间。最后由于人员限制等因素会出现系统满负荷高强度运行的情况，此时，用户就有可能遇到占线的情况，严重影响用户的使用体验。然而，人工智能技术正在改变这种服务模式，催生了智能语音客户服务机器人，能够全年无休且毫无怨言地工作。

6.2.1　智能语音客服机器人的总体架构

智能语音客服机器人的实现原理是预先准备大量客户服务相关信息的问题和答案并在此基础上建立机器人知识库，当客服机器人接收到用户提出的问题后，再通过自然语言处理技术和算法模型理解用户所表达的意思，然后找出与此问题匹配的答案并发送给用户。在完成这一轮问答交互之后，机器人通过自主学习技术对问答过程进行深度学习，自动扩充知识库内容，进而可以提高下一次回答的准确率。

新一代智能语音客服机器人整合了最先进的云计算、分布式微服务和大数据，应用了目前前沿的自然语言处理技术、知识图谱构建、深度神经网络技术、机器学习、搜索引擎技术、用户画像技术、信息抽取与知识挖掘技术等，为客户的产品插上人工智能的翅膀。

　　智能语音客服机器人架构主要由数据接入平台、智能客服系统、系统支撑层、基础设施层、行业知识图谱（见6.2.2节）部分组成。智能语音客服机器人的总体架构如图6.3所示。

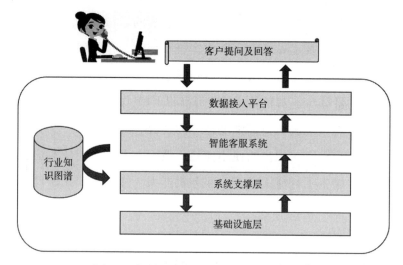

图 6.3　智能语音客服机器人的总体架构[⊖]

1. 数据接入平台

　　数据接入平台的工作为接受用户的提问或咨询，用户有多种方式可以进行问询，其中语音方式是主要的接入方式，这也是最贴切用户使用习惯的一种交流方式，其次使用的方式是留言（或文本）。但是对于计算机系统而言，语音是相对抽象的一种数据形式，为了便于系统处理数据信息，需

　　⊖　李超等. 基于知识图谱的智能语音客服系统设计 [J]. 计算机科学与应用，2020，10（2）：255-264.

要将用户的语音信息转写为纯文本数据再进行保存。

2. 智能客服系统

智能客服系统是整个系统的核心。首先需要对用户录入的纯文本文件进行中文分词、词性标注、关键信息提取等一系列自然语言处理操作，这些工作可被统称为数据预处理过程。之后需要进一步检索行业知识谱图，对比得到的答案集合，优选出最佳的答案。最后还需要即时更新行业知识图谱，使整个系统保持最佳的工作状态并拥有最完整的知识储备量。

3. 系统支撑层

系统支撑层主要负责用户权限管理、各项数据的统计记录、系统安全性检查等工作，为核心工作流提供各方面的支持与保障，是整个系统正常运行必不可少的一部分。

4. 基础设施层

基础设施层主要是指系统运行所需的各种软硬件基础设施，包括语音的录制设备、系统服务器、支撑知识图谱的基础数据库等。

6.2.2 智能语音客服机器人的系统

智能语音客服机器人的系统是整个系统的核心，由语音识别模块、语义理解模块、行业知识图谱、信息检索模块和知识构建模块组成，如图 6.4 所示。

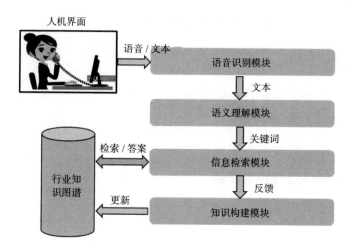

图 6.4　智能语音客服机器人的系统

1. 语音识别模块

语音识别模块主要应用语音识别技术，而语音识别技术也被称为自动语音识别（Automatic Speech Recognition，ASR），主要负责接收用户语音信息并将其转化为纯文本数据，是一种基于全序列卷积神经网络的方法。语音识别是人工智能技术中重要的一个环节，人类的许多交互行为都是通过语音的方式进行的，所以当计算机需要完成人机交互工作时，如何为语音识别建立模型就变得非常关键，这将为信息数据的后续处理打下良好的基础。

2. 语义理解模块

语义理解模块主要负责完成对用户提问的语义理解。一般使用自然语言处理技术和深度网络神经算法模型，通过整句话的结构和内容来理解用户的意思，了解其语句表达的真正含义。语义理解主要利用计算机算法中规则和统计相结合的方法，对句子进行词干提取、词性还原、分词、词性标注、命名实体识别、词性消歧、句法分析、篇章分析等操作，模拟人的大脑来理解这句话及整个交流场景，对问题文本做预处理，使之成为结构化数据，力图最完整、最精准地理解用户的问题，从而准确挖掘用户需求，筛选用户意向，识别用户兴趣。

3. 行业知识图谱

行业知识图谱主要负责保存领域专业知识，建立该领域的完整知识库。知识图谱（Knowledge Graph，KG）本质为实体节点和关系组成的图，它能够为真实世界里的各种应用场景构建模型。人们构建知识图谱的过程对于计算机而言，就是利用知识、建立认知、理解世界、理解人类的过程。为制造业智能语音客服机器人构建的行业知识图谱如图 6.5 所示。

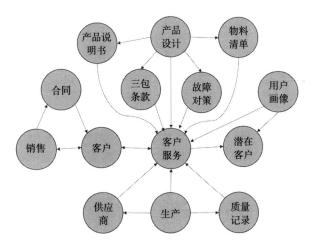

图 6.5　制造业客户服务知识图谱（例）

为了回答售后客户可能提出的问题，必须提供有关产品设计环节中的产品说明书、操作手册、产品构成的物料清单、故障对策、三包条款；从销售系统中获取的销售合同、合同条款；从生产系统中获取的配套件和原材料供应商信息、产品出厂合格证、产品生产质量记录和质量追溯记录等信息。对于售前客户服务，需要有关产品说明书、广告、用户画像这类信息。

4. 信息检索模块

信息检索模块主要负责检索知识库，获得答案集合，并通过算法优选出问题的最佳答案，完成最终的客服交互任务。行业专业知识库的表现形式是知识图谱，它能够以非常直观的可视化界面展示知识数据信息。从底层基础结构来看，信息检索模块的数据承载方式是数据库，如同其他数据库一样，在面对海量数据时，又快又准地检索数据是该模块的主要内容。检索知识和检索数据有着很大的区别，知识的数据结构比较复杂，需要对检索出的数据进行优选，因此客服系统需要精准地回答问题，而不是仅仅做模糊查询。

5. 知识构建模块

知识构建模块主要负责通过外部数据构建行业知识图谱，或在每次系统与用户交互的过程中，记录产生的新知识，并更新行业知识图谱。智能客服系统需要不断学习新知识，以便提高自身业务能力，而学习的来源主要是在用户与系统交互的过程中遇到的那些系统未曾接触过的新知识。另外，用户可能指出系统的错误，因此之前的某些知识数据可能就需要被清洗掉，以达到不断自我更新的状态。智能客服机器人也可以利用深度学习技术，通过与用户互动和互联网数据挖掘自动开展学习，完善自身的知识图谱。可以预料，随着时间的推移，智能客服机器人将会变得越来越强大。

6.2.3　智能语音客服机器人的优势

智能语音客服机器人适用于绝大多数有业务或服务需求的企业，强大的功能和完善的场景体验使得智能语音客服机器人能够很好地服务于客户并满足企业对各种场景的需求。

一是解放人力。智能客服机器人每天可拨打上千个电话或回答上千个询问，还能在通话过程中根据客户的意向将客户分类，甚至生成客户画像，制定更精准的方案，提高成交量。另外，还可以解答客户在产品使用中出现的问题，包括故障诊断、处理维修服务、备品备件、索赔等。它还可以全年无休，随时待命，效率相比人工客服提高了数倍。

二是提高服务质量。智能客服机器人通过大量的问答训练，实践机器学习的算法，不断完善知识图谱，这是一般人工客服难以掌握的。此外，精美的话术设计，真人的语音表达，骂不还口的"态度"，也极大地提高了客户的真实体验。

三是创造好的业绩。智能客服机器人能够提供高质量、全时空的服务，提高售前服务水平，开发更多的客户，进而提高市场占有率。同时，它也能提高售后服务水平，维护企业信誉，培养忠实客户，提高企业的竞争力。

人工智能技术在经营决策中的应用

在智能工厂的环境下，将产生大量的产品技术数据、生产经营数据、设备运行数据、质量数据、设计知识、工艺知识、管理知识、产品运维数据。因此建立智能决策系统，对上述信息进行搜集、过滤、储存、建模，应用大数据分析工具就十分必要，只有这样才能提高决策的科学性。

7.1 大数据应用

7.1.1 大数据平台组成

大数据是以容量大、类型多、存取速度快、应用价值高为主要特征的数据集合，现下正快速发展为对数量巨大、来源分散、格式多样的数据进行采集、存储和关联分析的工具，以此实现从数据到信息，从信息到知识，从知识到决策的不断升级，从而提升企业的洞察和决策能力。

大数据平台是智能决策的基础平台，由数据源、数据整合、数据建模、流计算、大数据应用几个部分组成。大数据平台建设具备实时的数据和事件捕获、流数据处理技术、分析和优化技术、预测性分析四个方面的特点。

7.1.2　大数据平台架构

大数据平台的架构如图 7.1 所示。

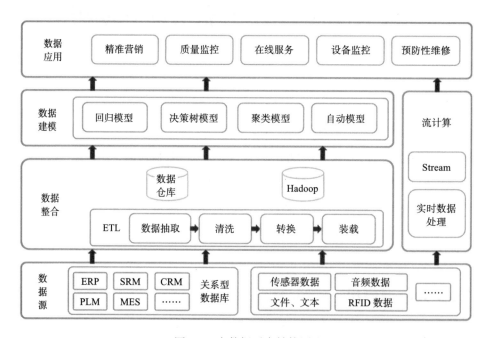

图 7.1　大数据平台结构图

1. 数据源

数据源即数据的来源，是提供某种所需数据的器件或原始媒体，一般来说可使用射频识别、嵌入式技术、无线通信、传感技术、总线通信等信息技术将分散的设计信息、生产信息、供应链信息、资源信息等，通过可靠性消息传输和物联网关设备汇聚到大数据中心。结构化的业务数据可从已有的业务系统的数据库获取，对于智能制造推行过程中采集的文件、音频、视频、传感数据、定位数据等信息则由 Hadoop 分布式文件系统（HDFS）进行管理。

2. 数据整合

大数据平台管理的数据量大且种类繁多，因此需要对这些数据进行整合，可在合适的时间把数据存储在合适的介质中，从而实现对数据生命周期的管理，如制定数据生命周期的管理策略、制定完善的备份和恢复策略、对数据进行分类、对存储进行分层管理、根据数据类型决定存储策略等。数据仓库技术（Extract-Transform-Load，ETL）包括数据抽取、清洗、转换和装载，同时还可提供数据质量的管理、数据转换与清洗、调度监控等贯穿整个数据中心解决方案全过程的功能。数据整理是构建数据中心的关键环节，它可以按照统一的规则集成并提高数据的价值，是负责完成数据从数据源向目标数据中心转化的有力工具。ETL 的过程如图 7.2 所示。

大数据平台建设要引入 Hadoop 架构来处理非结构化、大量数据的存储、检索和分析。Hadoop 技术是一个被证实的可以扩展到海量数据分布存储的分布式方案，它解决了海量数据的存储和访问问题，并且该方案可以在低成本的机器集群上进行架构，这也提高了性价比。

3. 数据建模

大数据平台要提供多种数据挖掘算法，包括分类、关联、细分等几大类，还要提供自动建模技术，即在一次建模运行中尝试各种方法，然后再进行估算和比较。通过这样的建模方法和算法模型设计，在智能制造的多个领域对大数据的价值进行发掘，建立模型（回归模型、决策树模型、聚类模型、自动模型等）。建模后，绘制出关于模型的评定量表，包括增益图、响应图、提升图、利润图、投资回报率图等。

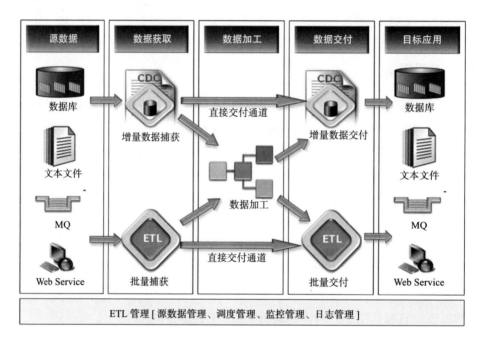

图 7.2　ETL 的过程

4. 流计算

流计算在新的数据生产场景（比如无处不在的移动设备、设备运行监控数据、位置服务和遍布各处的传感器）中是不可或缺的一种新计算模式。人们需要可伸缩的计算平台和并行架构来处理生成的海量流数据。智能制造中会存在大量的实时数据，例如生产线的数据、设备数据、传感数据等。如果使用传统的数据处理方式，往往需要进行数据采集、整合、治理，存储，建模，挖掘和分析等一系列复杂的操作。然而很多分析和决策需要实时更新，以免错失一些机会，如通过实时检测设备的工作状态数据来对产品质量进行预测。因此利用实时的流计算分析方式，可以有效解决这样的问题。

大数据平台需要采用流计算技术，从一个几分钟到几小时的窗口中的移动信息（数据流）揭示有意义的模式。大数据平台能够获取低延迟洞察，并帮助注重时效的应用程序获得更好的成果，从而提供业务价值。流计算可以合并多个流，并从中获取具有新价值的信息，如图 7.3 所示。

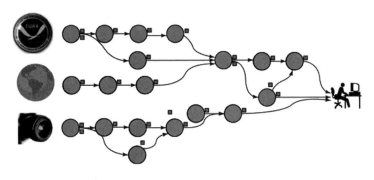

图 7.3　流计算示意图

5. 数据应用

大数据的应用无处不在，包括精准营销、质量监控、在线服务、设备监控和预防性维修等。

（1）精准营销

精准营销是准确定位的基础上，依托现代信息技术手段建立个性化的顾客沟通服务体系，实现企业的成本扩张之路。在现代营销中，可应用大数据技术对客户的描述性数据和行为数据进行分析，并最终促进营销目标的有效达成。

　　第一，收集客户描述性数据和行为数据。对于购买者来说，收集的描述性数据包括姓名、性别、年龄、学历、简历；对于企业客户来说，收集的描述性数据则是企业名称、所处行业、地区、规模、拥有类似产品的数量、使用寿命、偏好等。行为数据则复杂一些，包含消费者购买数量、购买频次、退货行为、付款方式等。在大数据时代，结构性数据仅占15%，更多的是类似于购物过程、社交评论等这样的非结构性数据。只有通过大数据技术进行收集和整理，才有可能形成全方面的关于客户描述性数据和行为数据的数据库。

　　第二，客户细分与定位。只有区分出了不同的客户群，企业才有可能对不同客户群展开有效的管理并采取差异化的营销手段，提供满足某个客户群特征要求的产品或服务。在实际操作中，由于传统的市场细分变量（如人口因素、地理因素、心理因素等）只能提供较为模糊的客户轮廓，因此已经难以为精准营销的决策提供可靠的依据。然而，利用大数据技术能在收集的海量非结构性数据中快速筛选出于公司有价值的信息，对客户行为模式与客户价值进行准确判断与分析，并最终提供合适的营销战略。

　　第三，制定营销战略。在得到基于现有数据的不同客户群特征后，市场人员需要结合企业战略、企业能力、市场环境等因素，在不同的客户群体中寻找可能的商业机会，最终为每个群体制定个性化的营销战略，而且每个营销战略都有特定的目标，如获取相似的客户、交叉销售或提升销售、防止客户流失等。

（2）质量监控

　　在整个生产制造过程中，通过不断获取原材料质量检测数据、生产制造过程的质量数据及客户反馈的数据，来进行全过程的质量分析和预测分析，并及时采取应对措施。另外还能通过监测设备运行状态、加工参数和质量之间的关系，从设备和工艺的角度监测质量变化的趋势，为采取下一步措施提供依据。

（3）在线服务

在智能产品的基础上，通过物联网和互联网链接众多的产品、客户、服务提供商、供应商，在维修服务知识库和专家系统的支持下，建立完善的在线服务体系，从而实现远程、在线、及时、周到、专业、高质量的服务。

（4）设备监控和预防性维修

机械制造企业有众多的装备，随着数字化车间的建设，数字化装备越来越多，通过分布式数控（DNC）系统、现场总线、企业服务总线将这些设备联网，并对这些设备实施动态远程监控、诊断、在线维护，借此实现预防性维修、预测性维修、环境健康和安全管理、设备运行绩效管理等功能。

7.2   建立战略管理体系

战略管理（strategic management）是指对一个企业或组织在一定时期内的发展方向、目标、任务和政策和资源调配作出的决策和管理，其中包括公司在完成具体目标时对不确定因素作出的一系列判断。战略管理是智能决策的重要组成部分，包括战略制定、战略实施和战略评价三个阶段。在市场环境越来越复杂多变、竞争越来越激烈的当下，战略管理作为企业高层管理人员的活动内容，其重要性日益突显。

　　战略管理由战略规划、全面预算管理、绩效管理和大数据平台四个部分组成（见图7.4）。战略规划在指出企业发展方向的同时编制年度经营计划，提出企业年度的各项经营指标。通过全面预算管理将这些经营指标分配并落实到各个业务部门。应用绩效管理从各个业务系统的大数据平台中采集各项经营指标的执行情况，及时发现问题，并采取相应的措施，从而实现战略管理的闭环控制。

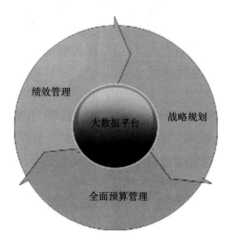

图 7.4　战略管理体系

1. 战略规划

　　战略规划是企业发展的方向性、长远性、全局性的谋划和行动。战略规划完成后，围绕战略规划的目标来编制年度经营计划。年度经营计划全面表达了战略规划第一年（希望战略规划一年滚动一次）的各项财务和非财务的经营指标、确定执行战略举措的详细行动步骤、业绩的衡量标准、财务预算的内容等。

　　年度经营计划为全面预算提出了预算需求，是预算编制的基础，是公司战略和预算的桥梁，而全面预算是经营计划的量化和货币化，是经营计划的价值体现。绩效管理将全面预算的各项指标经过层层分解到各个部门和员工维度上，使预算执行得到保障，通过预算控制和绩效反馈为战略评价和战略调整提供真实的数据，这样就形成战略管理的闭环控制。

对于企业高管来说，固然可以从 ERP、CRM、SRM、MES 等信息系统中获取众多报表，了解企业生产经营的情况。但是如果采用大数据平台系统为战略管理者提供围绕战略规划（及年度经营计划）、全面预算、绩效管理的数据，无疑是更为合理的选择。

2. 全面预算管理

全面预算管理是企业战略执行的有效管理工具。它集企业的经营计划、财务预算、控制于一体，包括预算编制、预算执行和预算调整，全面预算的编制流程如图 7.5 所示。

首先由上级部门、领导和综合部门提出年度经营指标和经营计划，下发职能部门，由综合部门提出投资预算，营销部门提出销售预算和销售费用预算，生产部门提出生产预算和采购预算，科研设计部门提出科研预算、技改技措预算，人力资源部提出人力资源预算和薪酬预算，各个部门提出管理费用和制造费用预算，财务部门做出财务预算和资金筹措预算，最后由综合部门进行综合平衡，上报预算委员会和总经理审批，形成年度预算报告。审批后，由综合部门将报告下发各个部门执行并监督预算执行情况。

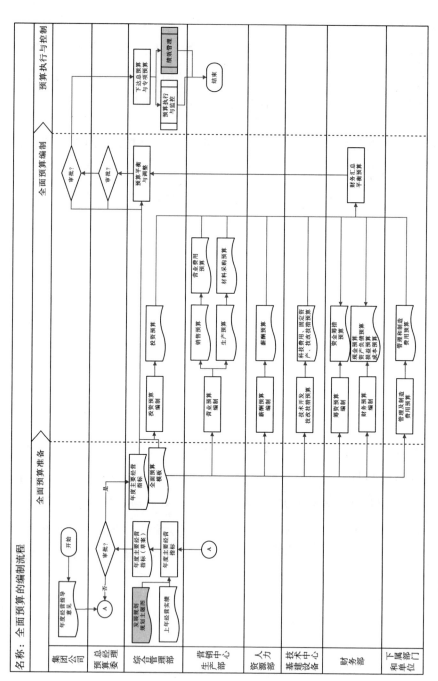

图 7.5　全面预算的编制流程（例）

3. 绩效管理

绩效管理是落实战略规划和全面预算管理的重要保障。绩效管理包括绩效指标的制定、绩效实施、绩效沟通、绩效申诉、绩效结果应用等过程。根据公司战略、战略地图、年度经营计划、全面预算，采用平衡计分卡方法，拟定基于战略的 KPI，基于职能的 KPI，从财务视觉、客户视觉、内部视觉、创新与学习视觉四个维度，统筹考虑财务和非财务的指标，长期和短期、过去和未来、落后与先进、内部与外部等诸多因素，将公司指标逐级分解为部门指标、员工指标，从而将公司的战略落实到每个部门、每个员工的日常生产经营活动。

这些指标包括：

❑ 财务考核指标，如销售利润、成本费用利润率、标准成本准确率、流动资产周转率、存货周转率、应收账款周转率、全面预算准确率等。

❑ 发展能力指标，如全员劳动生产率、工业增加值率、利润平均增长率、销售增长率等。

❑ 销售考核指标，如市场预测准确率、销售计划完成率、销售回款率、销售费用控制、客户满意度等。

❑ 生产考核指标，如计划准确率、期量标准准确率、准时交货率、计划完成率、生产效率达标率、生产成本控制达标率等。

❑ 采购考核指标，如采购到货准时率、采购成本减低率、采购物料质量合格率等。

❑ 质量考核指标，如原材料废品率、一次检验合格率、产品合格率、成品返修率等。

❑ 设备维护考核指标，如设备运行率、设备维修率、设备故障率、设备停机率、设备综合效率等。

❑ 信息资源利用考核指标，如信息准确率、信息及时率、信息处理效率、信息资源利用率、信息系统对企业绩效的贡献率等。

4. 大数据平台

从战略规划分解出年度经营计划，编制年度全面预算，又分解出若干绩效考核指标，这些考核指标的实际执行情况会在 ERP、SRM、CRM、MES 中表现出来。通过大数据平台，抽取这些数据，与年初下达的考核指标做对比，及时发现差距，采取措施，保证年度经营计划和预算的执行。利用这些数据还可以进行多维度的分析，如历史同期、产品系列、销售区域、业务单元、行业等对比分析。根据管理者的愿望，从大数据平台的模型库中选择分析模型，进行数据建模，根据模型的要求从不同系统中抽取出数据，经过转换存入数据仓库，应用数据分析工具将需要的结果展现给决策者。

总之，希望通过战略规划、全面预算管理、企业绩效管理和大数据平台，为企业建立一套完整的战略管理支持系统，洞察企业生产经营的状况和趋势，及时作出战略的预估，采取有效措施，保证战略目标的实现，实现企业战略管理的落地和闭环控制。

拥抱人工智能技术

人工智能技术是制造业竞争的战略制高点，它将深刻影响制造业的研发设计、经营管理、生产制造、客户服务（整个价值链）的竞争格局、业务模式和资源配置。它是决定企业生死存亡的大事，是企业转型升级实现高质量发展的必然选择。每个企业都要直面人工智能，拥抱人工智能，将人工智能技术纳入企业的发展战略，做好人工智能技术应用发展的专项规划，实施路线图，实施组织变革，优化资源配置，向着智能工厂的方向奋勇前进。

8.1 做好人工智能技术应用发展规划

不同的企业，由于生产的产品、生产批量、生产工艺流程、企业发展阶段的不同，对人工智能技术的需求不同，所以人工智能技术应用发展规划设计一定要对工厂的发展战略进行分析，找出企业可持续发展的核心竞争力。另外，还要对客户需求，以及企业的研发设计、经营管理、生产制造、客户服务进行调研和诊断分析，以创新的思维，运用新一代信息技术和人工智能技术对企业的组织、技术、流程、模式、数据进行优化设计。

人工智能技术应用发展规划设计的总输入是企业的发展战略。按照企业发展战略，充分运用新一代信息技术和人工智能技术，进行智能工厂的规划设计，无疑是实现企业发展战略的一个重要组成部分。

人工智能技术应用发展规划有以下七个步骤：

□ 第一步：识别可持续发展竞争力的需求。为了实现战略目标，识别企业可持续发展的竞争力需求，如产品创新设计能力、供应链管控能力、生产制造能力、财务管控能力、经营决策能力、客户服务能力等。

□ 第二步：人工智能技术应用发展规划需求分析。根据识别出的可持续发展竞争力需求，站在智能工厂的高度，对企业的组织、管理模式、业务流程、技术手段、数据开发利用等进行诊断和评估，找出打造可持续发展的核心竞争力的需求，从而确定智能工厂的方针、目标、需求，为智能工厂的每个分项目的设计提供依据。

□ 第三步：人工智能技术应用发展规划的设计。正确运用机器视觉、语音识别、自然语言处理、机器学习、深度学习、优化算法等一系列人工智能技术，将这些技术融入产品研发设计、经营管理、生产制造、客户服务、经营决策等业务领域。

□ 第四步：项目投资预算。按照每一个项目的设备、设施购置费、软件购置费、软件开发费、咨询服务费、人工成本、运行维护费、不可预见费进行项目的投资预算和汇总。

❑ 第五步：项目可行性分析。可行性分析是通过对项目的主要内容和配套条件，如市场需求、资源供应、建设规模、工艺路线、设备选型、环境影响、资金筹措、盈利能力等从技术、经济、工程方面进行调查研究和分析比较，并对项目建成以后可能取得的经济效益及社会影响进行预测，从而提出该项目是否值得投资和如何进行建设的意见。这是为项目决策提供依据的一种综合性的系统分析方法，具有预见性、公正性、可靠性、科学性的特点。

❑ 第六步：制订项目实施计划。项目实施计划包括项目实施的组织，确定总项目和分项目的负责人和团队，编制项目实施进度，明确项目实施的进度和关键节点等。

❑ 第七步：项目评审。项目的总体方针、目标、基本内容确定后就要进行初步评审，每一个单项初步方案出来后也要评审，然后才进行最终评审。最终评审要由领导、项目相关部门成员、外部专家组成评审组，听取项目组的方案汇报，并提出质询，如果评审组同意则组织实施，否则就要进行修改设计，直至同意。

8.2　实施人工智能技术的策略

人工智能技术融入制造业是一个新的战略举措，不同于以往的技改技措，它是一次革命，是技术创新、模式创新和流程创新，需要有正确的指导思想，周密策划，审慎执行。

人工智能技术在制造业的应用是制造业转型升级的永恒主题，是提高企业核心竞争力、实现转型升级的必由之路。因此必须将人工智能技术作为企业发展战略来抓，制定人工智能技术应用发展规划，让人工智能融入制造业全生命周期。

　　人工智能技术与制造业的深度融合，创建了数字孪生的企业，物理企业的全要素、全流程都能在虚拟企业中找到映射关系，并引发一系列变化。管理对象从人转变到信息。在人工智能时代，各类数据连续被采集、分析、反馈，成为支撑企业发展的重要资源。管理方式从科层制向网络化决策机制转变。在人工智能时代，人不再是劳动的主要执行者，不知疲倦的机器人将成为主力，虚拟企业的中央指挥平台将使信息实时畅通，最优的决策将及时下达，在这种情境下，科层制管理方式不复存在，网络化决策机制应运而生。管理目标从传统绩效向人工智能优化迭代转变。传统绩效管理注重人的主观能动性，而在人工智能时代，质量、效率、成本很大程度由机器或系统决定，因此提高绩效的出路在于改善算法、模型、机器学习，优化迭代的水平，相应地就要重新设计绩效考核的 KPI。

　　回顾技术发展的历史，每一次技术革命都带来劳动力的重塑。在人工智能时代，大量繁重、重复、危险的人工作业由机器完成，人们的工作内容、工作形式、要求的技能都发生了翻天覆地的变化。以人为主导的生产变成人机交互式的新型工作。过去，人操控生产装备进行生产活动，一切效率、质量是由人的技能决定的。人工智能时代，智能装备进行生产活动，产品加工的效率、质量是由事先设计的工艺流程、加工参数、程序控制的。技术工人不再直接操控机器，而是在人机交互界面参与生产活动，技术工人由此变成了知识的创新者和决策者。软件和人工智能工程师也会成为企业的重要人才。在智能制造时代，产品、生产装备、经营管理、生产制造都被数字化、模型化、流程化、智能化，这一切都离不开软件工程师和人工智能工程师的努力。千秋基业，人才为先，企业要想在智能制造中取得先机，一定要重视这两类人才的招聘和培养。

　　对于传统的管理人员来说，他们将实现向知识的创造者的转变。一切传统的管理活动都被程序化，传统管理活动也由机器完成，传统管理人员在为软件工程师和人工智能专家提供知识和经验的过程中，成为知识的创新者，就像有了炒菜机器人，厨师的工作变成菜谱的创新者一样。

制造业企业是人工智能的应用者而不是开发者，如果两者实现跨界融合，必将产生莫大的经济效益。制造业企业凭借与人工智能技术企业的跨界融合，将人工智能技术应用于制造业的各个场景，开发出一系列成熟的产品，如自动驾驶汽车、声控家电等智能产品，对企业的发展乃至整个制造业的升级都有重大意义。数字化是智能化的基础，通过物联网平台实现数字化装备、仓储物流系统互联互通，在一系列传感器的支持下，能够实现状态监测和优化控制。同时通过一系列研发设计软件（CAD/CAE/CAPP/CAM/PLM）、经营管理软件（ERP/SRM/CRM/MES）、大数据平台、知识图谱、专家系统等手段，可以实现企业数字化，而这是人工智能应用的基础。没有企业的数字化，人工智能技术的应用就是空中楼阁。

制造业实施人工智能技术要遵照循序渐进、持续发展的方针。人工智能技术是一个永恒的话题，只有起点没有终点，从弱人工智能、强人工智能到超级人工智能，从计算智能、感知智能到认知智能将永续发展。制造业企业要求真务实，根据企业发展的实际需求，结合当前人工智能技术提供的手段，解决当前发展中的问题。总之，一切要以需求为出发点，满足需求的就是好的。

人工智能技术发展的展望

人工智能技术从首次提出至今，其发展历程起起落落，直到深度学习、物联网、大数据的兴起，人工智能才取得爆发式增长。通过物联网实现大量设备互联，采集了大量数据，一系列大数据的产品如 Hadoop、Spark、HBase 相继问世，云计算、人工智能芯片的应用也大大提高了计算能力，卷积神经网络，循环神经网络、深度神经网络使得深度学习得到实质性的发展，推动了人工智能技术的快速发展。

未来今日研究所发表的《2020 年科技趋势报告》中，从人工智能与企业、人工智能与商业生态系统、人工智能与内容创意等多个角度描述了人工智能发展趋势，如利用人工智能加速科学发现的进程、发展云端人工智能、发展线下人工智能、实现机器人流程自动化、发展企业中的数字双胞胎和认知双胞胎、开发认知机器人、研发先进的人工智能芯片、发展无服务器计算、实现实时机器学习、进行算法事实检查等。由此可见，人工智能作为产业变革的重要驱动力量将在更多领域实现应用。

9.1 未来工厂

未来工厂是指广泛应用数字孪生、物联网、工业互联网等技术，实现数字化设计、智能化生产、智慧化管理、协同化制造、绿色化制造、安全化管控和社会经济效益大幅提升的现代化工厂，是人工智能技术在制造业的集中体现，它将深刻改变营销、研发设计、经营管理、生产制造、客户服务的方方面面。

9.1.1 未来的营销

未来的营销人员将充分应用客户画像系统构建不同类型的虚拟客户，对于 To C 的客户，要了解他们的性别、年龄、教育背景、生活方式、兴趣爱好、价值观、目标、需求、购买能力、欲望、态度和行为模式；对于 To B 的客户，要了解他们的基本信息、企业属性、经营规模、需求、竞争对手、偏好、支付能力、采购决策机制、联系人等。营销人员还会利用市场预测技术为企业制定发展战略，选择营销时机确定营销方向并制订营销计划。在营销中，应用数字孪生技术、虚拟现实技术将成为常态，在互联网平台上生动地展示产品的三维模型，模拟运行状态，展示企业生产现场的生动画面，都将成为常见的手段。营销人员还可通过销售助理、营销 APP、营销服务机器人拉近与客户的距离，及时交流，增进与客户的感情，并将上述用户画像、市场预测、市场活动等信息通过客户关系管理系统进行统一管理。

9.1.2 未来的研发设计

未来的研发设计将在设计知识库和工艺知识库的支持下，以及企业产品系列化、模块化、标准化的基础上，经过研发设计人员艰难的建模过程，将所有的原材料、元器件、零件、部件、子系统、系统、整机进行几何建模、物理建模、行为建模和规则建模。同时还会创建数字孪生的各类模型并进行仿真，实现迭代优化。在产品加工装配完成后，实际制造数据返回设计数字孪生体，就完成了基于数字孪生的复杂产品设计。它实现了设计与制造的一体化协同，在设计与制造阶段之间形成紧密闭环回路。基于数字孪生的设计，极大地缩短了新产品的研发设计周期，提高了创新能力，同时还提高了快速响应客户个性化定制需求的速度，提升了与客户交互的体验。

9.1.3 未来的经营管理

未来的经营管理由一系列数据模型组成，包括供应链计划建模、成本预算/核算/分析建模、财务记账建模、业务流程建模等，根据客户需求快速生成内外供应链计划，通过工业互联网平台与供应商、协作配套厂商、上下游车间共享需求信息，动态监控物流状态，实现整个供应链上需求的动态响应、动态闭环的计划与控制、意外事故的处置。

9.1.4 未来的生产制造

未来的生产车间是一个高度自动化、网络化、智能化的车间，经过工艺工程师的艰苦努力，将车间单机、生产线、仓储物流设备、车间进行数字化建模。在生产阶段会针对虚拟车间不同层级的控制单元，不断积累物理车间的实时数据与知识，在对物理车间高度保真的前提下，对其运行过程进行连续的调控与优化或人机交互的执行。同时，虚拟车间逼真的三维可视化效果可使用户产生沉浸感与交互感，有利于激发灵感、提升效率。另外，虚拟车间模型及相关信息可与物理车间进行叠加与实时交互，实现虚拟车间与物理车间的无缝集成、交互与融合。在高度自动化、智能化的数字孪生车间，传统的操作工人大幅度减少。智能装备进行生产活动时，产品加工的效率、质量是由事先设计的工艺流程、加工参数、程序控制的，车间真正的运行维护的人员是工艺工程师、软件工程师、人工智能工程师、设备维修技师。他们通过人机交互界面参与生产活动，不断地优化各种模型、流程，使其提高效率、质量，减低成本，让车间不断适应新的客户需求和环境的变化。

9.1.5　未来的客户服务

未来的客户服务是基于工业互联网的服务模式，在物联网和互联网的支持下，链接众多的设备、设施、客户、服务提供商、供应商。同时在维修服务知识库和专家系统的支持下，建立完善的在线服务体系，提供远程、在线、及时、周到、专业、高质量的服务。

基于语音识别的客户服务机器人，可用于售前、售后服务。售前客服机器人根据用户画像、数字孪生的虚拟产品，识别用户的特征和需求，主动推送新产品信息，推荐量身定制的解决方案，促成销售。售后客服机器人根据客户关系管理系统提供的客户交易信息、预先准备的大量专业的客户服务知识库、问答库，当客服机器人接收到用户提出的问题后，通过自然语言处理技术和算法模型，理解用户所表达的意思，然后找出与此问题匹配的答案并发送给用户。

9.2　未来的居家生活

在家电和居家产品智能互联（网络化、智能化）的基础上，通过智能家居系统可以实现"安全、健康、便利、舒适、节能、愉悦"的高品质生活，带来全新的居家体验。

1. 智能互联

应用有线、无线的物联网技术，通过家居布线系统使电话、有线电视、家电、照明、安防、电脑网络、影音系统、智能家居控制系统互联互通，该网络支持语音、数据、多媒体、家庭自动化、保安等多种应用的需求，为实现家居智能化提供网络平台。

2. 智能家居系统

智能家居系统又名家庭智能终端或家庭网关，能够将家庭智能化的几乎所有功能集成，使智能家居建立在一个统一的平台之上。因此要保障家庭内部网络与外部网络之间的通畅、准确，确保信息安全。在家电、家居产品智能互联的基础上，智能家居系统能实现家居安防系统控制、家电的本地或远程操控、家庭体验系统的集中管理和控制。

随着智能音箱的普及，将智能音箱作为智能家居的人机通信接口是一个趋势，那时只需要对智能音箱说话就能操控所有家电和居家产品。

3. 居家体验

智能家居不但能够感知、控制、探测，还要具备分析、判断、学习和反馈的能力，同时根据用户的年龄、性别、家庭成员数量、兴趣爱好、生活习惯以及住宅环境等基本信息营造出愉悦的居家环境。如下班前，可以给自动驾驶汽车发出回家指令，调节好车内的温度，行驶至指定地点，在主人下车后，自动到地下室泊车。通过人脸识别打开门锁，智能家居系统开启回家模式，安防系统取消入侵检测，根据季节、环境温度、室内空气质量、主人喜好，打开窗帘，开启空调和空气净化器，同时还可以调节灯光，开启喜爱的背景音乐，打开热水器等。在做饭时，可提前制定菜谱，智能家居系统便会自动生成采购清单，并向电商订购食材；智能厨具一应俱全，蒸、煮、炖、炒样样精通；饭后全部餐具放入洗碗烘干机，做饭不再是烦心事。如果想要放松，可以创建不同的场景模式，如客厅的会客模式、餐厅的用餐模式、卧房的睡眠模式、影音室的剧院模式等，实现对灯光、空调、电视等设备的智能一键操控。

当孩子学习时，保证房间光照充足，气温宜人，可以拒绝他人打扰，隔绝噪声，提醒休息时间等。当主人上班时，可以呼叫自动驾驶汽车，锁门后便会启动上班模式，空调、空气净化器、热水器、窗帘、照明全部自动关闭，同时启动全部安防系统，主人在外时也可以监控居家状况，可设定多方位自动巡航，实现告警拍照和告警录像存储、邮件传送抓拍、图片报警等功能，并配合系统传送消息至业主手机告警。

结　束　语

　　人工智能技术既是国家战略竞争的制高点，也是制造业企业市场竞争的新焦点，它将改变制造业的发展模式和竞争格局，成为制造业转型升级、高质量发展的重要推动力。所以，人工智能与制造业的深度融合是制造业企业的必然选择。企业必须将人工智能技术与企业整个价值链的融合作为企业发展战略来抓，充分利用自主可控的人工智能技术与各种应用场景相结合，实现产品创新、设计创新、管理创新、制造创新和服务创新，从而提高企业的核心竞争力，迎接国内外的挑战。

　　这本书是《机械制造业智能工厂规划设计》一书的续写篇，专注于人工智能技术在制造业的落地应用，希望对企业推进智能制造有所帮助。本书也是北京机械工业自动化研究所有限公司软件事业部多年研究成果的总结，在此对软件事业部的领导和同事表示诚挚的谢意。这里要特别感谢原机械工业部总工程师、工信部智能制造专家咨询委员会主任朱森第教授对本书提出的宝贵意见和撰写的推荐序，另外，我还要对家人的理解和支持表示感谢！

推荐阅读

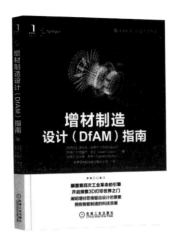

增材制造设计（DfAM）指南

作者：[新西兰] 奥拉夫·迪格尔 [瑞典] 阿克塞尔·诺丁 达米恩·莫特
书号：978-7-111-67425-2 定价：79.00元

增材制造是第四次工业革命的重要引擎和颠覆性技术，其重要应用之一是优化和加快产品设计开发，也可称为增材设计。欣喜地看到这本书将增材设计的相关要素、设计方法和思路等进行了全方位系统阐述，值得3D打印从业者与制造业专家仔细研读、借鉴思考和推动应用。

—— 增材制造产业联盟副秘书长 左世全

本书介绍了能够提高增材制造加工的成功率及生产效率的关键要素，并诠释了高效开发生产零件应遵循的重要指导原则，从制造业关心的内容出发来解读突破思维限制的方法与轨迹。本书涵盖基础理论到专项知识的内容，实用性强，结合行业标准与作者的经验，字里行间展现了作者的智慧与执着。

——华曙高科技有限公司董事长 许小曙

本书是一把开启探索3D打印之美的金钥匙，启发业界DfAM是不断进化的，它不仅与设计有关，更与硬件、软件、材料等各个要素的动态互动有关。DfAM不仅意味着规则，也意味着要敢于打破思维束缚，敢于重塑与创新。推荐此书给拥抱第四次工业革命历史机遇的全体制造者，只要你与制造相关，一定会从此书中获益。

——3D科学谷总裁 王晓燕

推荐阅读

复杂装备系统数字孪生：赋能基于模型的正向研发和协同创新

作者：方志刚 编著 书号：978-7-111-66958-6 定价：79.00元

当前，人类社会正在经历第四轮工业革命，快速演进到工程学科和数字科技大融合的工业互联网新时代。中国制造企业要抢占先机成为引领者，就必须进行数字化转型，由逆向工程为主转型到真正的正向研发和创新驱动。而实现创新快速迭代的关键就是在数字虚拟世界里快速试错、快速学习——追求日臻完美的产品系统"数字孪生"。

怀着加速中国从制造大国转型为制造强国的梦想，西门子数字化工业软件大中华区技术团队依托科技部"网络协同制造和智能工厂"重点专项，组织30多位资深技术专家，历时两年多，研究了大量世界领先大学、研究机构和创新型企业的有关理论和实践，并总结多年来工业领域的实战经验，编写了本书。

本书从复杂装备系统研发模式变革和创新思维模式出发，创造性地提出了新一代集成的基于模型的系统工程（iMBSE）的先进理念，将系统模型、领域模型和系统生命周期管理（SysLM）三者有机地统一起来，绘制了构建复杂装备系统数字孪生的基本框架，并以"火星车2030"为案例，展示了基于数字孪生的iMBSE的关键实现过程，为复杂装备系统正向研发和协同创新提供了初步的理论指导和切实可行的实现途径。